高职高专建筑设计专业系列教材
省级重点专业建设成果

建筑装饰预决算

严小波　郭彦丽　主编

中国轻工业出版社

图书在版编目（CIP）数据

建筑装饰预决算/严小波，郭彦丽主编. —北京：中国轻工业出版社，2023.2
省级重点专业建设成果
ISBN 978-7-5184-2726-0

Ⅰ.①建… Ⅱ.①严…②郭… Ⅲ.①建筑装饰-建筑经济定额-高等职业教育-教材 Ⅳ.①TU723.34

中国版本图书馆CIP数据核字（2019）第253012号

责任编辑：陈　萍
策划编辑：陈　萍　　责任终审：滕炎福　　封面设计：锋尚设计
版式设计：霸　州　　责任校对：吴大朋　　责任监印：张　可

出版发行：中国轻工业出版社（北京东长安街6号，邮编：100740）
印　　刷：三河市国英印务有限公司
经　　销：各地新华书店
版　　次：2023年2月第1版第2次印刷
开　　本：787×1092　1/16　印张：10.5
字　　数：260千字　插页：20
书　　号：ISBN 978-7-5184-2726-0　定价：42.00元
邮购电话：010-65241695
发行电话：010-85119835　传真：85113293
网　　址：http://www.chlip.com.cn
Email：club@chlip.com.cn
如发现图书残缺请与我社邮购联系调换
230108J2C102ZBW

前　言

本教材坚持以就业为导向，以企业需求为基本依据，适应行业技术发展的要求；本着以适用为基础，以提高能力为本位，理论联系实际的原则，教学内容体现基础性、适用性、概括性、实践性的特点；结构上以项目教学法为主，以最常见的工程为实例来编写，突出计算案例，重点规则解释清楚，内容切合实际，是高职院校学生教材以及各类预算员上岗培训的参考用书。

本教材是以中华人民共和国国家标准《GB 50500—2013 建设工程工程量清单计价规范》《GB 50854—2013 房屋建筑与装饰工程工程量计算规范》以及 2015 年《四川省建设工程工程量清单计价定额》等为主要依据编写的。

全书由宜宾职业技术学院冯翔教授、四川宜宾鑫剑造价咨询事务所有限公司总经理、高级工程师刘自碧主审。本教材分九个项目进行编写，项目一、项目二介绍了建筑装饰预决算的论述及编制，由宜宾职业技术学院严小波老师编写；项目三介绍了建筑面积的计算，项目四介绍了楼地面装饰工程的计量与计价，项目三、项目四由宜宾职业技术学院郭彦丽老师编写；项目五介绍了天棚装饰工程的计量与计价，由宜宾职业技术学院舒元佳老师编写；项目六介绍了墙、柱面装饰工程的计量与计价，由宜宾职业技术学院许明明老师编写；项目七介绍了门窗装饰工程的计量与计价，由宜宾职业技术学院蔡丁一老师编写；项目八介绍了油漆涂料裱糊工程的计量与计价，项目九介绍了其他装饰工程的计量与计价，项目八、项目九由宜宾职业技术学院王振英老师编写，全书由严小波、郭彦丽统稿。

由于编者水平有限，书中难免存在不足和疏漏之处，敬请各位读者批评指正。

严小波

2019 年 9 月

目　　录

项目一　建筑装饰预决算论述

1.1　教学实施方案

工程建设是人们用各种施工机具、机械设备对各种建筑材料进行建造和安装，使之成为固定资产的过程，包括固定资产的更新、改建、扩建和新建。

工程建设一般包括以下四部分内容：建筑工程，设备安装工程，设备、工器具及生产家具的购置，其他工程建设工作。

建筑工程是指永久性和临时性的建筑物及构造物的土建、装饰、采暖、通风、给排水、照明工程，动力、电信导线的敷设工程，设备基础、工业炉砌筑、厂区竖向布置工程，水利工程和其他特殊工程等。

学习目标

了解基本建设程序；

了解相关定额及清单规范；

了解工程量清单计价表格；

掌握建筑安装工程费的组成。

教学手段与方法

案例法、讲授法、示范法。

1.2　项目相关知识

1.2.1　前期准备

《GB 50500—2013 建设工程工程量清单计价规范》；

《GB 50854—2013 房屋建筑与装饰工程工程量计算规范》；

2015 年《四川省建设工程工程量清单计价定额》。

1.2.2　项目的划分

工程项目可分为单项工程、单位工程、分部工程和分项工程。

单项工程是工程项目的组成部分，一个工程项目可以有一个或多个单项工程。如学校建设项目有教学楼、食堂、学生宿舍三个单项工程。

单位工程是单项工程的组成部分，一个单项工程可以有一个或多个单位工程。如学校建设项目中的教学楼建筑工程、装饰工程、安装工程三个单位工程。

分部工程是单位工程的组成部分，一个单位工程可以有一个或多个分部工程。如学校教学楼装饰工程有墙面装饰工程、地面装饰工程、天棚装饰工程三个分部工程。

分项工程是将分部工程按主要工种、材料、施工工艺、设备类别等划分的工程。如抹灰、涂料、块料墙面等工程。

1.2.3 基本建设程序

基本建设程序是对基本建设项目从酝酿、规划到建成投产所经历的整个过程中的各项工作开展先后顺序的规定。

基本建设是一项工程从计划建设到建成投产，要经过许多阶段和环节，有其客观规律性。这种规律性，与基本建设自身所具有的技术经济特点有着密切的关系。首先，基本建设工程具有特定的用途。任何工程，不论建设规模大小，工程结构繁简，都要切实符合既定的目的和需要。其次，基本建设工程的位置是固定的。在哪里建设，就在哪里形成生产能力，也就始终在那里从物质技术条件方面对生产发挥作用。因此，工程建设受矿产资源和工程地质、水文地质等自然条件的严格制约。基本建设的这些技术经济特点决定了任何项目的建设过程，一般都要经过计划决策、勘察设计、组织施工、验收投产等阶段，每个阶段又包含许多环节。这些阶段和环节有其不同的工作步骤和内容，它们按照自身固有的规律，有机地联系在一起，并按客观要求的先后顺序进行。前一个阶段的工作是进行后一个阶段工作的依据，没有完成前一个阶段的工作，就不能进行后一个阶段的工作。项目建设客观过程的规律性，构成基本建设的科学程序的客观内容。

按照基本建设的技术、经济特点及其规律性，基本建设程序主要包括八项步骤。步骤的顺序不能任意颠倒，但可以合理交叉。这些步骤的先后顺序是：

① 编制项目建议书：对建设项目的必要性和可行性进行初步研究，提出拟建项目的轮廓设想。

② 开展可行性研究和编制设计任务书：具体论证和评价项目在技术和经济上是否可行，并对不同方案进行分析比较；可行性研究报告作为设计任务书（也称计划任务书）的附件。设计任务书对是否上这个项目、采取什么方案、选择什么建设地点做出决策。

③ 进行设计：从技术和经济上对拟建工程做出详尽规划。大中型项目一般采用两段设计，即初步设计与施工图设计。技术复杂的项目可增加技术设计，按三个阶段进行。

④ 安排计划：可行性研究和初步设计，送请有条件的工程咨询机构评估，经认可，报计划部门，经过综合平衡，列入年度基本建设计划。

⑤ 进行建设准备：包括征地拆迁，搞好“三通一平”（通水、通电、通道路、平整土地），落实施工力量，组织物资订货和供应以及其他各项准备工作。

⑥ 组织施工：准备工作就绪后，提出开工报告，经过批准，即开工兴建；遵循施工程序，按照设计要求和施工技术验收规范进行施工安装。

⑦ 生产准备：生产性建设项目开始施工后，及时组织专门力量，有计划、有步骤地开展生产准备工作。

⑧ 验收投产：按照规定的标准和程序，对竣工工程进行验收，编制竣工验收报告和竣工决算，并办理固定资产交付生产使用的手续。小型建设项目，建设程序可以简化。

⑨ 项目后评价：项目完工后对整个项目的造价、工期、质量、安全等指标进行分析评价或与类似项目进行对比。

1.2.4　基本建设各阶段的工程造价

建设工程项目大多数都是周期长、规模大、造价高，因此，要按基本建设程序要求分阶段进行工程造价的编制与控制。

（1）投资估算

投资估算是指在投资决策过程中，建设单位或建设单位委托的咨询机构根据现有的资料，采用一定的方法，对建设项目未来发生的全部费用进行预测和估算。

（2）设计概算

设计概算是指在初步设计阶段，在投资估算的控制下，由设计单位根据初步设计或扩大设计图纸及说明、概预算定额、设备材料价格等资料，编制确定的建设项目从筹建到竣工交付生产或使用所需全部费用的经济文件。

（3）修正概算

在技术设计阶段，随着对建设规模、结构性质、设备类型等方面进行修改、变动，初步设计概算也作相应调整，即为修正概算。

（4）施工图预算

施工图预算是指在施工图设计完成后，工程开工前，根据预算定额、费用文件计算确定建设费用的经济文件。

（5）工程结算

工程结算是指承包方按照合同约定向建设单位办理已完工程价款的清算文件。

（6）竣工决算

建设工程竣工决算，是由建设单位编制的反映建设项目实际造价文件和投资效果的文件，是竣工验收报告的重要组成部分，是基本建设项目经济效果的全面反映，是核定新增固定资产价值、办理其交付使用的依据。

基本建设各阶段与工程造价控制的关系如图 1-1 所示，详见表 1-1。

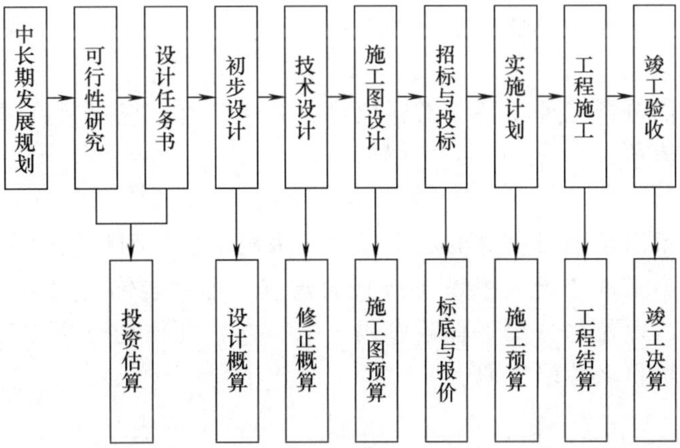

图 1-1　基本建设阶段与工程造价关系

表 1-1　　基本建设阶段与工程造价关系

	编制人	阶　段	依　据	作　用
投资估算	业主	项目建议书 可行性研究	估算指标(以往经验) 概算指标(类似工程预决算资料)	决定是否建设
设计概算	设计院	初步设计	概算定额或概算指标 设备预算价格	控制投资总额
施工图预算	业主 承包商	施工图后 (招投标阶段)	预算定额 企业定额	中标后决定建安企业的收入水平(预计)
施工预算	承包商	施工阶段	施工定额 企业定额	控制工程成本
工程结算	承包商	定期阶段 竣工	预算定额、承包合同、现场记录 设计变更通知单、技术核定单	承包商取得的收入(实际)
竣工结算	业主	竣工验收后	从筹建到交付使用全过程的资金实际使用	核定新增固定资产价值

1.3　认识清单规范与清单计价定额

1.3.1　认识《GB 50500—2013 建设工程工程量清单计价规范》

国家为了规范工程造价计价行为，统一建设工程工程量清单的编制和计价方法，根据《中华人民共和国建筑法》《中华人民共和国合同法》《中华人民共和国招标投标法》等法律法规，国家制定了《GB 50500—2013 建设工程工程量清单计价规范》以及《GB 50854—2013 房屋建筑与装饰工程工程量计算规范》《GB 50855—2013 仿古建筑工程工程量计算规范》《GB 50856—2013 通用安装工程工程量计算规范》《GB 50857—2013 市政工程工程量计算规范》《GB 50858—2013 园林绿化工程工程量计算规范》《GB 50860—2013 构筑物工程工程量计算规范》《GB 50861—2013 城市轨道交通工程工程量计算规范》《GB 50862—2013 爆破工程工程量计算规范》等（简称“清单规范”）相配套使用。

全部使用国有资金投资或国有资金投资为主的工程建设项目，必须采用工程量清单计价。非国有资金投资的工程建设项目，可采用工程量清单计价。

必须掌握的几个主要清单规范术语如下：

(1) 工程量清单

建设工程的分部分项工程项目、措施项目、其他项目、规费项目和税金项目的名称和相应数量等的明细清单。

(2) 项目编码

分部分项工程量清单项目名称的数字标识。采用十二位阿拉伯数字表示。一至九位为统编码，一、二位为工程分类顺序码（01 代表建筑工程和装饰工程），三、四位为专业工程分章顺序码，五、六位为分部工程顺序码，七、八、九位为分项工程项目名称顺序码，十至十二位为清单项目名称顺序码。

(3) 项目特征

项目特征是构成分部分项工程量清单项目、措施项目自身价值的本质特征，也是招标控制、投标组价、结算审核的重要依据，以及实际工作中非常重要的造价因素。

（4）清单综合单价

清单综合单价包括完成一个规定计量单位的分部分项工程量清单项目或措施清单项目所需的人工费、材料费、施工机械使用费和企业管理费与利润，以及一定范围内的风险费用。

（5）措施项目

措施项目为完成工程项目施工，发生于该工程施工准备和施工过程中的技术、生活、安全、环境保护等方面的非工程实体项目。措施项目为非实体工程项目。

1.3.2　工程量清单规范的作用

《GB 50500—2013 建设工程工程量清单计价规范》及配套规范适用范围是全国区域范围。不管是哪个区域的工程，工程量清单的编制和计价方法都是统一的，便于全国各地的投标人在一个统一的平台上进行公平竞争。

1.3.3　认识 2015 年《四川省建设工程工程量清单计价定额》

在学习工程造价之前必须搞清楚定额的概念。定额是指在规定的技术和组织条件下，生产质量合格的单位产品所消耗的人力、物力、财力和时间等的数量标准，即在合理的劳动组织和合理使用材料、机械的条件下，预先规定完成单位合格产品所消耗的资源数量的标准，它反映一定时期的社会生产力水平的高低。

《四川省建设工程工程量清单计价定额》就是根据国家现行设计标准、施工质量验收规范和安全技术操作规程，以正常的施工条件、合理的施工组织设计、施工工期、施工工艺为基础，结合四川省的施工技术水平和施工机械装备程度进行编制的，预先规定完成单位合格产品所消耗的资源数量的标准，它反映了社会的平均水平。因此，除定额允许调整者外，定额中的材料消耗量不得变动，如遇特殊情况，需报经工程所在地工程造价管理部门同意，并报省建设工程造价管理总站备查后方可调整。

必须掌握的几个主要清单计价定额术语如下：

（1）定额综合单价

定额综合单价指完成一个规定计量单位的分部分项工程项目或措施项目的工程内容所需的人工费、材料和工程设备费、施工机具使用费、综合费（企业管理费和利润）。

（2）人工费

人工费指按工资总额构成规定，支付给从事建筑安装工程施工的生产工人和附属生产单位工人的各项费用。

（3）材料费

材料费是指施工过程中耗费的原材料、辅助材料、构配件、零件、半成品或成品、工程设备的费用。

（4）施工机具使用费

施工机具使用费是指施工作业所发生的施工机械、仪器仪表使用费。

（5）综合费

综合费包括企业管理费和利润。

（6）综合单价调整

根据原建设部《关于调整工程造价的若干规定》（建标［1991］797 号），《建筑工程施工发包与承包计价管理办法》（中华人民共和国住房和城乡建设部令第16号），国家标准《GB 50500—2013建设工程工程量清单计价规范》，住房城乡建设部、财政部《关于印发〈建筑安装工程费用项目组成〉的通知》（建标［2013］44号），原省建委《关于进一步搞好工程造价动态管理的通知》（川建委价发［1994］464号）以及原省建委、省物价局印发的《四川省建设工程造价信息管理办法》（川建委发［2000］0205号）的规定，综合单价的各项内容要进行人工费调整、材料费调整、机械费调整和综合费调整。

（7）措施项目费

措施项目费指为完成工程项目施工，发生于该工程施工前和施工过程中的技术、生活、安全、环境保护等方面的费用。

（8）其他项目费

其他项目费指除分部分项工程量清单项目、措施项目费以外的项目费用。含暂列金额、暂估价、计日工、总承包服务费等。

1.3.4 清单计价定额的作用

清单计价定额的适用范围一般在某行政区域内，如四川省建设工程工程量清单计价定额适用于四川省行政区域内的工程建设项目的计量计价计费使用。清单计价定额包括房屋建筑与装饰工程、通用安装工程、市政工程、园林绿化工程、仿古建筑工程、构筑物工程、爆破工程、城市轨道交通工程、房屋建筑维修与加固工程等计价定额。具有如下作用：

① 清单计价定额是编审建设工程设计概算、施工图预算、最高投标限价（招标控制价、招标标底）、竣工结算，调解处理工程造价纠纷，鉴定及控制工程造价的依据。

② 清单计价定额是招标人组合综合单价，衡量投标报价合理性的基础。

③ 清单计价定额是投标人组合综合单价，确定投标报价的参考。

④ 清单计价定额是编制建设工程投资估算指标的基础。

1.4 工程量清单计价表格

一套招标控制价清单计价表的组成：

① 工程项目招标控制价封面。

② 工程项目招标控制价扉页。

③ 工程项目计价总说明。

④ 建设项目招标控制价汇总表。

⑤ 单项工程招标控制价汇总表。

⑥ 单位工程招标控制价汇总表。

⑦ 分部分项工程量清单与计价表。

⑧ 分部分项工程清单综合单价分析表。

⑨ 单价措施项目清单与计价表。

⑩ 总价措施项目清单计价表。

⑪ 其他项目清单与计价汇总表。

⑫ 暂列金额明细表。

⑬ 材料（工程设备）暂估单价表。

⑭ 专业工程暂估价表。

⑮ 计日工表。

⑯ 总承包服务费计价表。

⑰ 规费、税金项目清单计价表。

⑱ 发包人提供主要材料和工程设备一览表。

⑲ 承包人提供主要材料和工程设备一览表。

招标控制价清单计价表的样表格式详见附录3。

1.5　建筑安装工程费的组成

1.5.1　建筑安装工程费的组成

建筑安装工程费由分部分项工程费、措施项目费、其他项目费、规费、税金组成，分部分项工程费、措施项目费、其他项目费包含人工费、材料费、施工机具使用费、企业管理费和利润。

1.5.2　建筑安装工程费的费用说明

1.5.2.1　分部分项工程费

分部分项工程费是指各专业工程的分部分项工程应予列支的各项费用。

（1）专业工程

专业工程是指按现行国家计量规范划分的房屋建筑与装饰工程、仿古建筑工程、通用安装工程、市政工程、园林绿化工程、矿山工程、构筑物工程、城市轨道交通工程、爆破工程等各类工程。

（2）分部分项工程

分部分项工程指按现行国家计量规范对各专业工程划分的项目，如房屋建筑与装饰工程的土石方工程、地基处理与基坑支护工程、桩基工程、混凝土及钢筋混凝土工程等。

1.5.2.2　措施项目费

措施项目费是指为完成建设工程施工，发生于该工程施工前和施工过程中的技术、生活、安全、环境保护等方面的费用。措施项目费分为总价措施项目费和单价措施项目费。

（1）总价措施项目费

① 安全文明施工费

a. 环境保护费：指施工现场为达到环保部门要求所需要的各项费用。

b. 文明施工费：指施工现场文明施工所需要的各项费用。

c. 安全施工费：指施工现场安全施工所需要的各项费用。

d. 临时设施费：指施工企业为进行建设工程施工所必须搭设的生活和生产用的临时建筑物、构筑物和其他临时设施费用。包括临时设施的搭设、维修、拆除、清运或摊销费等。

② 夜间施工增加费：指因夜间施工所发生的夜班补助费、夜间施工降效、夜间施工

照明设备摊销及照明用电等费用。

③ 二次搬运费：指因施工场地条件限制而发生的材料、构配件、半成品等一次运输不能到达堆放地点，必须进行二次或多次搬运所发生的费用。

④ 冬雨季施工增加费：指在冬季或雨季施工需增加的临时设施、防滑、排除雨雪、人工及施工机械效率降低等费用。

⑤ 已完工程及设备保护费：指对已完工程及设备采取的覆盖、包裹、封闭、隔离等必要保护措施的费用。

⑥ 工程定位复测费：指工程施工过程中进行全部施工测量放线和复测工作的费用。

定额未列出的总价措施项目，可根据工程实际情况补充。

（2）单价措施项目费

各专业工程定额中的“措施项目”分部均有相应的具体内容。定额未列出的单价措施项目，可根据工程实际情况补充。

1.5.2.3　其他项目费

（1）暂列金额

暂列金额是指建设单位在工程量清单中暂定并包括在工程合同价款中的一笔款项。用于施工合同签订时尚未确定或者不可预见的所需材料、工程设备、服务的采购，施工中可能发生的工程变更、合同约定调整因素出现时的工程价款调整以及发生的索赔、现场签证确认等的费用。

（2）暂估价

暂估价是指招标人在工程量清单中提供的用于支付必然发生但暂时不能确定价格的材料、工程设备的单价以及专业工程的金额，包括材料暂估单价、工程设备暂估单价、专业工程暂估价。

（3）计日工

计日工是指在施工过程中，承包人完成发包人提出的工程合同范围以外的零星项目或工作，按合同中约定的单价计价的费用。

（4）总承包服务费

总承包服务费是指总承包人为配合协调发包人进行的专业工程发包，对发包人自行采购的材料、工程设备等进行保管以及施工现场管理、竣工资料汇总整理等服务所需的费用。

1.5.2.4　规费

规费是指根据国家法律、法规规定，由省级政府或省级有关权力部门规定施工企业必须缴纳，应计入建筑安装工程造价的费用。规费包括工程社会保险费、住房公积金、工程排污费。

（1）社会保险费

社会保险费包括养老保险费、失业保险费、医疗保险费、工伤保险费、生育保险费。

① 养老保险费是指企业按照规定标准为职工缴纳的基本养老保险费。

② 失业保险费是指企业按照规定标准为职工缴纳的失业保险费。

③ 医疗保险费是指企业按照规定标准为职工缴纳的基本医疗保险费。

④ 工伤保险费是指企业按照规定标准为职工缴纳的工伤保险费。

⑤ 生育保险费是指企业按照规定标准为职工缴纳的生育保险费。

(2) 住房公积金

住房公积金是指企业按照规定标准为职工缴纳的住房公积金。

(3) 工程排污费

工程排污费是指按照规定缴纳的施工现场工程排污费。

出现上面未列的规费项目，应根据省级政府或者省级有关权力部门的规定列项。

1.5.2.5　税金

税金是指国家税法规定的应计入建筑安装工程造价内的营业税、城市维护建设税、教育费附加以及地方教育附加。

建筑安装工程费用项目组成如图 1-2 所示。

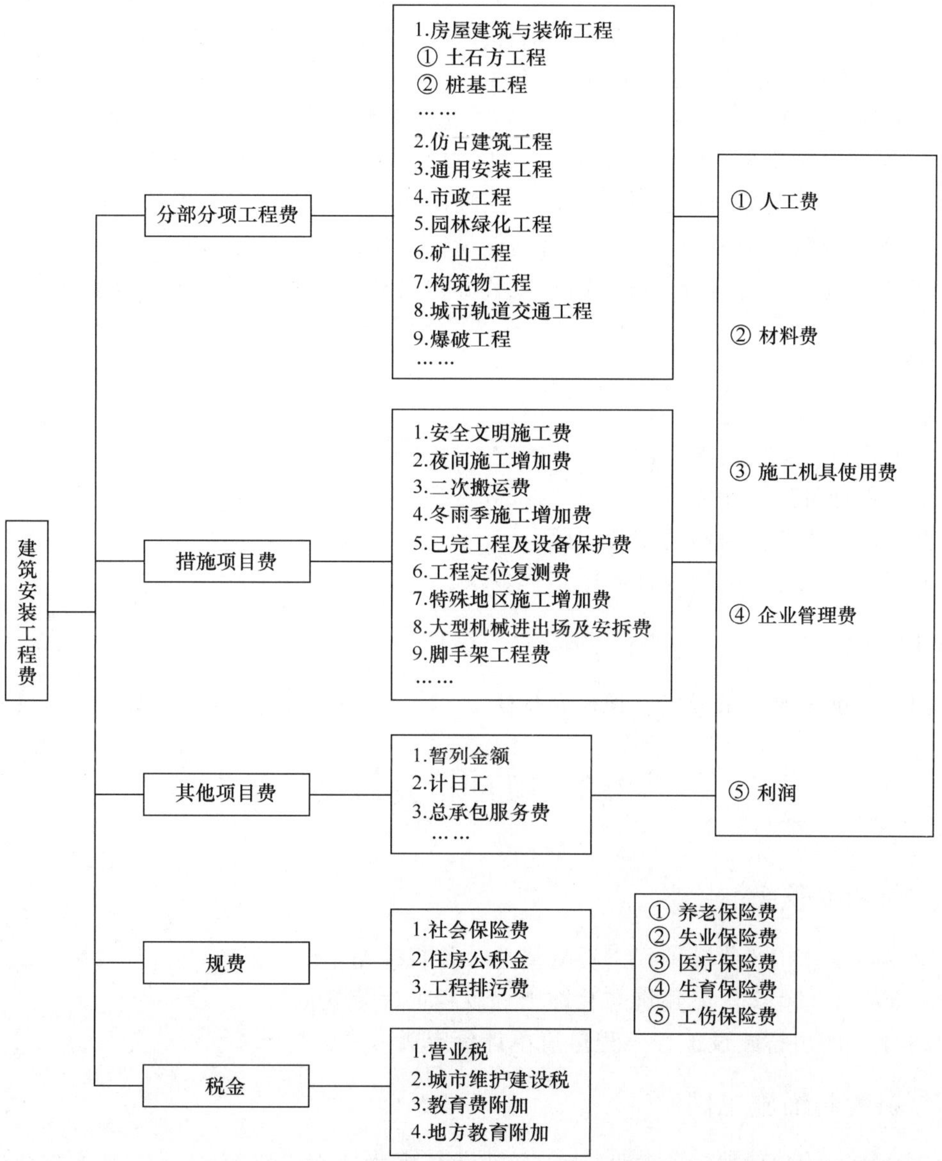

图 1-2　建筑安装工程费用项目组成

项目二　建筑装饰预决算的编制

2.1　教学实施方案

在生产过程中，为了完成某一单位合格产品，就要消耗一定的人工、材料、机具设备和资金。由于这些消耗受技术水平、组织管理水平及其他客观条件的影响，所以其消耗水平是不相同的。因此，为了统一考核其消耗水平，便于经营管理和经济核算，就需要有一个统一的平均消耗标准，于是便产生了定额。

工程定额种类繁多，根据其性质、内容、形式和用途的不同，可分为四大类：

① 按管理层次分为全国统一定额、专业通用定额、地方定额和企业定额；

② 按用途分为概算指标、施工定额、预算定额、概算定额、投资估算指标等；

③ 按物质内容分为劳动定额、材料消耗量定额和机械台班定额；

④ 按费用性质分为建筑工程定额、安装工程定额、其他费用定额、间接费用定额等。

学习目标

了解装饰工程计价三要素；

掌握工程量计算的工作方法；

掌握工程计价的工作方法；

掌握装饰工程造价编制的工作步骤；

掌握工程招标计价、投标计价的工作方法。

教学手段与方法

案例法、讲授法、示范法、现场教学法。

2.2　项目相关知识

2.2.1　前期准备

《GB 50500—2013 建设工程工程量清单计价规范》；

《GB 50854—2013 房屋建筑与装饰工程工程量计算规范》；

2015 年《四川省建设工程工程量清单计价定额》。

2.2.2　识读装饰施工图

四川省宜宾市翠屏区，在 2018 年 10 月准备修建社会主义核心价值观文化装饰墙工程，墙面装饰为干挂 600mm×600mm 花岗石，厚 30mm，每平方米干挂墙面钢骨架用

30kg 钢材，花岗石墙面上安装社会主义核心价值观金属字 24 个，字高 800mm，字宽 450mm，如图 2-1 所示。装饰墙底离地高度为 3m。

图 2-1　装饰金属字

2.3　工程造价基础

2.3.1　工程计价三要素

工程计价的三要素：量、价、费。

量指工程量，有清单工程量和定额工程量两种。清单工程量是按清单规范所规定的计算规则计算出的工程量。定额工程量是按各行政区域编制的清单计价定额，如四川省 2015 年制定的《四川省建设工程工程量清单计价定额》，按其计算规则计算出的工程量为定额工程量。二者工程量计算规则大体相同，各省份制定的规则更接近当地实际情况。

价指工程单价，有清单综合单价和定额综合单价两种。项目一已经学习了两种综合单价的定义，本节将进一步学习两种综合单价的运用。用简单的公式来说明工作中非常重要的计价工作——组价工作。在编制招标控制价、投标报价、编制工程结算、结算审计中都会用到。先看以下两个公式。

清单工程量×清单综合单价＝清单合价　　(2.1)

定额工程量×定额综合单价＝定额合价　　(2.2)

其中，清单工程量按清单规范的计算规则进行计算，定额工程量根据行政区域清单计价定额的计算规则进行计算，定额综合单价根据行政区域清单计价定额能查到相应数据。已知清单工程量、定额工程量、定额综合单价、定额合价四个数据。当清单合价等于定额合价时，通过公式（2.1）的计算：

清单综合单价＝清单合价÷清单工程量

这个求取清单综合单价的过程就是工程造价的组价过程。根据实际工程情况，可能出现一个清单工程量下面对应有一个或多个定额工程量的情况，如下公式所述。

清单工程量×清单综合单价＝清单合价　　见公式 2.1

定额工程量1×定额综合单价1＝定额合价1　　(2.3)

定额工程量2×定额综合单价2＝定额合价2　　(2.4)

定额工程量3×定额综合单价3=定额合价3 (2.5)

定额工程量4×定额综合单价4=定额合价4 (2.6)

清单合价=定额合价1+定额合价2+定额合价3+定额合价4 (2.7)

清单综合单价=清单合价÷清单工程量 (2.8)

比如，轻钢龙骨铝合金装饰天棚吊顶，清单工程量就是轻钢龙骨铝合金装饰天棚一个工程量，定额就有龙骨定额工程量和铝合金面层定额工程量两个工程量。

在编制招标控制价阶段，定额综合单价按国家政策文件进行相应的人工费、材料费、机械费、综合费进行计算，得到的清单综合单价就是招标控制价的清单综合单价。

在投标报价阶段，投标人的主要工作是研究施工图纸的内容及工期要求，按自身施工实力以及掌握的市场信息，如材料单价、人工单价、机械费用等，对清单综合单价进行分析，并对之报价。为了中标，有竞争力，会比招标工程的清单综合单价低。根据组价过程分析知道，投标单位根据自身实力，对定额综合单价中的人工费、材料费、机械费、综合费进行调整，降低一定幅度，从而降低定额合价，清单合价又等于定额合价，根据公式(2.1)可以使清单综合单价也随之降低，最终使投标总价也降低，这个过程就是投标报价组价工作。

在竣工结算阶段，结算造价工作就相对简单，清单综合单价已经在投标时固定报价，结算时只需要根据合同，按竣工图进行清单工程量的计算，最后根据公式(2.1)得到的清单合价就是工程项目的结算价格。

费指措施费、其他项目费、规费、税金。措施费又分为两种：一是总价措施费，包括安全文明施工费、夜间施工费、非夜间施工费、二次搬运费、冬雨季施工费、临时保护费、工程定位复测费等；二是单价措施费，包括脚手架、模板、垂直运输、超高施工、大型机械进出场及安拆、施工排水降水等。

2.3.2 工程量计算的工作方法

根据清单规范和清单计价规范相应的计算规则计算工程量。工程量的计算归纳起来有两种方法：一种是手工计算方法；另一种是软件计算方法。手工计算方法通过计算器、电子表格、CAD电子图形放样等手工计算工程量。软件计算方法是通过造价软件计算工程量，原理是把施工图纸里的工程信息输入软件，建立3D模型，根据软件里设定好的计算规则程序，计算出工程量。

手工计算方法和软件计算方法的前提都是必须熟读施工图纸，明白施工图纸表达的工程信息，能提取工程量相关工程信息，如装饰部位的长、宽、高尺寸，材料规格型号等。工程量的计算是造价工程的最基础工作。而识读施工图纸，提取工程信息是造价工作的基本技能。工程量的单位有米、平方米、立方米、个、吨、套、台、项等。

2.3.3 工程计价的工作方法

用一个简单公式形容造价工作：

识图+计算规则+计量+计价+取费=工程造价

其中，识图、计算规则、计量都学习明白，计价工作通俗地讲，就是套项工作和组价工作，工作中常常出现的错误便是漏项和重复计价。

漏项是初学者或经验不丰富的造价工作者常常出现的错误。只要是施工图纸上有的实体工程内容和非实体工程措施内容都不能少，不能漏，否则就会给业主或投标单位带来经济上的损失。

重复计价就是一个工程内容在两处或多处重复计价，造成总价增加，在审计阶段尤其要注意，这也是要避免的。

2.3.4　装饰工程造价编制的工作步骤

第一步：识读装饰施工图，提取工程信息。熟悉装饰施工图纸，详尽地掌握装饰施工图纸和有关设计资料，了解装饰施工方法、工序、操作及装饰施工工期。

第二步：查阅清单规范和清单计价定额。熟悉清单规范和清单计价定额，并掌握有关工程量计算的规则、规定，必须弄清楚定额所列项目包括的内容、适用范围、计量单位等。

第三步：列项计算工程量。采用手工计算还是软件计算，根据工程项目实际情况决定，按快捷、高效、正确的原则进行。

第四步：计价工作。一一对应工程量计算结果进行工程计价，应采用软件操作，因手工计价是一个庞大而烦琐的工作，现在已经被淘汰了。

第五步：取费工作。根据国家和地区规定对措施费、规费、税金进行取费。同时对定额综合单价进行调整，包括人工费调整、材料费调整、机械费调整和综合费调整。

通过以上五步，最终形成造价成果文件，成果文件还应盖公司资质章和造价人员执业章及相应人员签字才具有法律效力。

2.4　社会主义核心价值观装饰装墙工程

2.4.1　识读装饰施工图，提取工程信息

（1）工程项目位置

装饰工程项目实施地点在四川省宜宾市翠屏区，首先就要掌握项目当时当地的材料价格信息和当地人工费信息。材料价格信息一般有政府定期颁布的造价信息和当时当地市场价信息。人工费信息应根据政府政策文件进行调整。

（2）装饰工程做法

① 花岗石墙面，厚 30mm，采用干挂方式施工。

② 干挂钢骨架每平方米 30kg 钢材。

③ 24 个金属字，字高 800mm，字宽 450mm。

（3）离地高度 3m

该信息明确装饰墙的施工空间位置，装饰墙施工高度达到了 7m，需要产生非实体工程的措施费用，如搭设脚手架的措施费用。

2.4.2　查阅清单规范和清单计价定额

查阅 2013 全国清单规范花岗石墙面的计算规则、花岗石骨架的计算规则、金属字的

计算规则、脚手架计算规则，得到信息如表 2-1 至表 2-3 所示。

表 2-1　墙面块料面层（编码：011204）

项目编码	项目名称	项目特征	计量单位	工程量计算规则	工程内容
011204001	石材墙面	1. 墙体类型； 2. 安装方式； 3. 面层材料品种、规格、颜色； 4. 缝宽、嵌缝材料种类； 5. 防护材料种类； 6. 磨光、酸洗、打蜡要求	m^2	按镶贴表面积计算	1. 基层清理； 2. 砂浆制作、运输； 3. 粘贴层铺贴； 4. 面层安装； 5. 嵌缝； 6. 刷防护材料； 7. 磨光、酸洗、打蜡
011204004	干挂石材钢骨架	1. 骨架种类、规格； 2. 防锈漆品种遍数	t	按设计图示以质量计算	1. 骨架制作、运输、安装； 2. 刷漆

表 2-2　美术字（编码：011508）

项目编码	项目名称	项目特征	计量单位	工程量计算规则	工程内容
011508004	金属字	1. 基层类型； 2. 字材料品种、颜色； 3. 字体规格种类； 4. 固定方式； 5. 油漆品种、刷漆遍数	个	按设计图示以数量计算	1. 制作、运输、安装； 2. 刷油漆

表 2-3　脚手架工程（编码：011701）

项目编码	项目名称	项目特征	计量单位	工程量计算规则	工程内容
011701002	外脚手架	1. 搭设方式； 2. 搭设高度	m^2	按所服务对象的垂直投影面积计算	1. 场内、场外材料搬运； 2. 搭、拆脚手架、斜道、上料平台； 3. 安全网的铺设； 4. 拆除脚手架后材料的堆放

查阅四川省 2015 年清单计价定额中花岗石墙面的计算规则、花岗石骨架的计算规则、金属字的计算规则、脚手架计算规则。得到摘录规范如下信息：

① 镶贴块料面层按设计图示尺寸以镶贴表面积计算，扣除门窗洞口及单个面积大于 0.3m^2 的孔洞所占的面积。

② 干挂石材钢龙骨架按设计图示尺寸以质量计算。

③ 美术字安装按字的最大外接矩形面积以“个”计算。

④ 凡不能按“建筑面积计算规则”计算建筑面积的房屋建筑与装饰工程，但施工组织设计规定需搭设脚手架时，均按相应单项脚手架定额计算脚手架摊销费。

⑤ 外脚手架、里脚手架均按所服务对象的垂直投影面积计算。

2.4.3　列项计算工程量

（1）清单工程量

① 花岗石墙面工程量：4×12＝48（m^2）

② 干挂石材钢龙骨工程量：48×0.03＝1.44（t）

③ 美术字工程量：24 个

④ 单项脚手架工程量：4×12＝48（m^2）

（2）定额工程量

① 花岗石墙面工程量：4×12＝48（m^2）

② 干挂石材钢龙骨工程量：48×0.03＝1.44（t）

③ 美术字工程量：24 个

④ 单项脚手架工程量：4×12＝48（m^2）

2.4.4　计价工作

行业计价软件有多种，案例以四川宏业清单计价软件进行计价工作的学习。

建立工程信息，如图 2-2 所示。

图 2-2　工程信息

在工程信息中我们还应一一对工程项目设置、编制说明、计费设置、计税方法等进行完善。

编制工程量清单，如图 2-3 和图 2-4 所示。进行定额组价工作，如图 2-5 和图 2-6 所示。

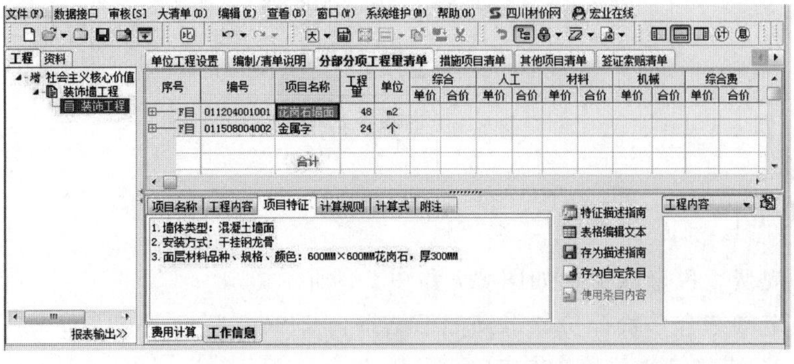

图 2-3　工程量清单（1）

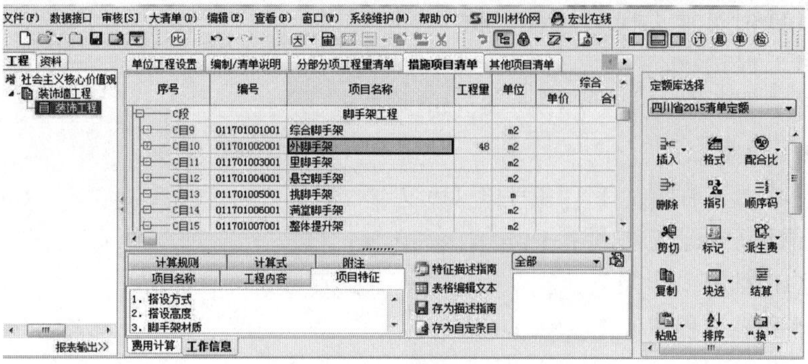

图 2-4 工程量清单（2）

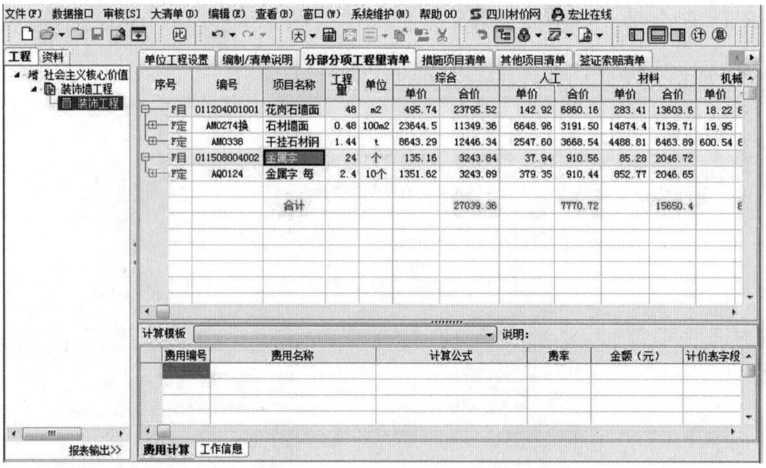

图 2-5 定额组价（1）

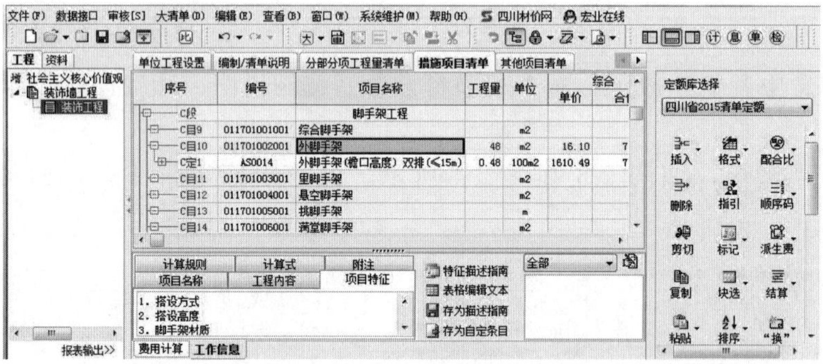

图 2-6 定额组价（2）

2.4.5 取费工作

措施费、规费、税金取费，如图 2-7 和图 2-8 所示。

通过以上定额综合单价计价，得到如下结果：

① 石材墙面清单综合单价 495.74 元/m^2；

② 金属字清单综合单价 135.16 元/个；

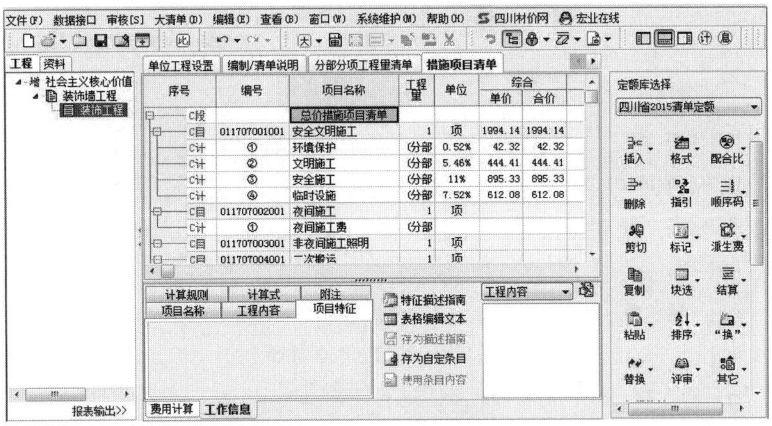

图 2-7　措施费

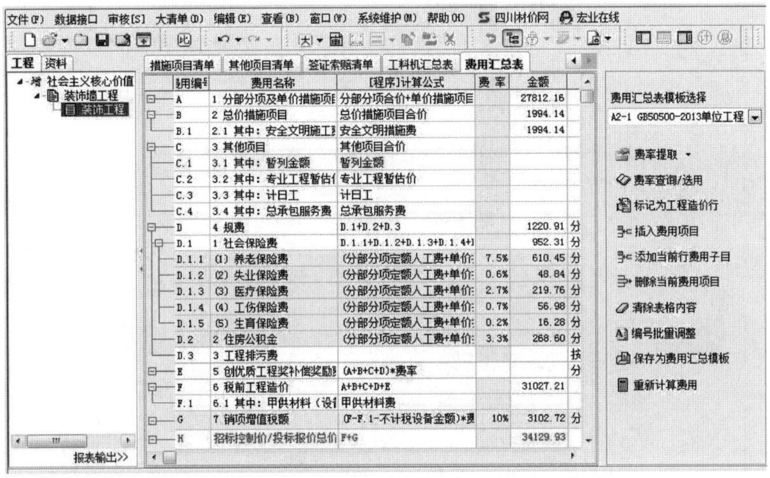

图 2-8　规费、税金

③ 脚手架清单综合单价 16.10 元/m^2；

④ 项目总价 34129.93 元。

进行人工费调整、材料价差调整，如图 2-9 和图 2-10 所示，调整后如图 2-11 至图 2-13所示。调整前后的结果对比如表 2-4 所示。

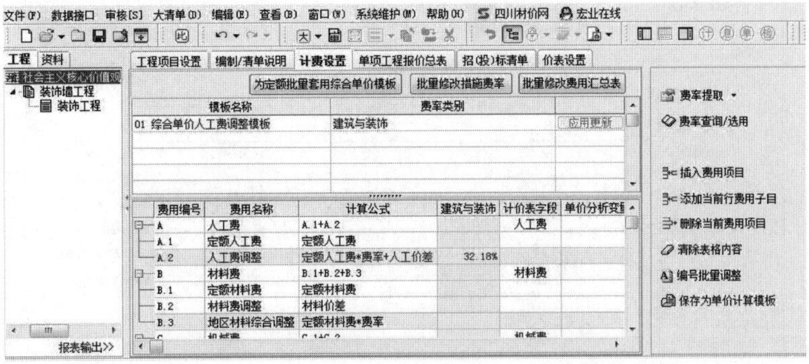

图 2-9　人工费调整

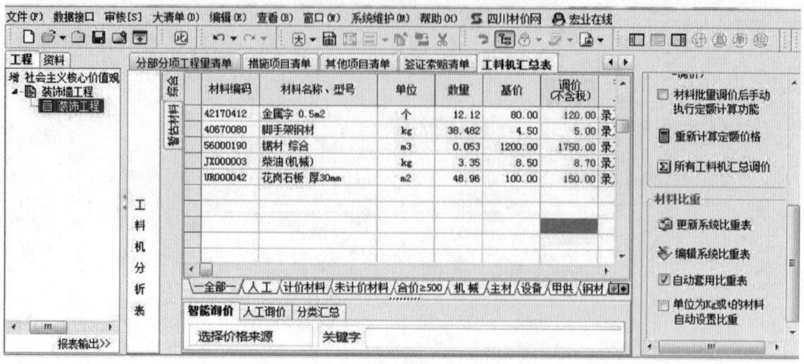

图 2-10 材料价差调整

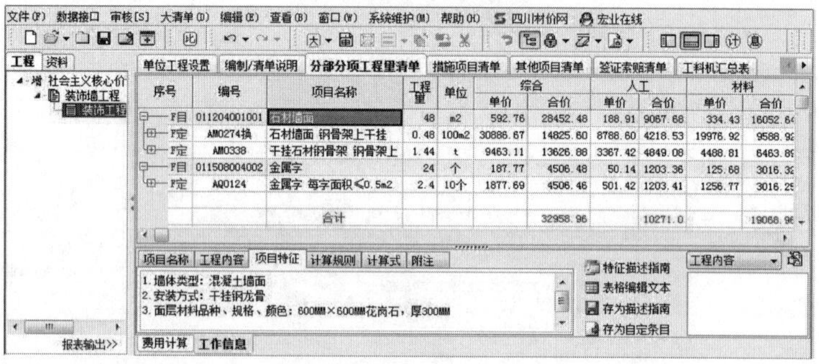

图 2-11 调整后（1）

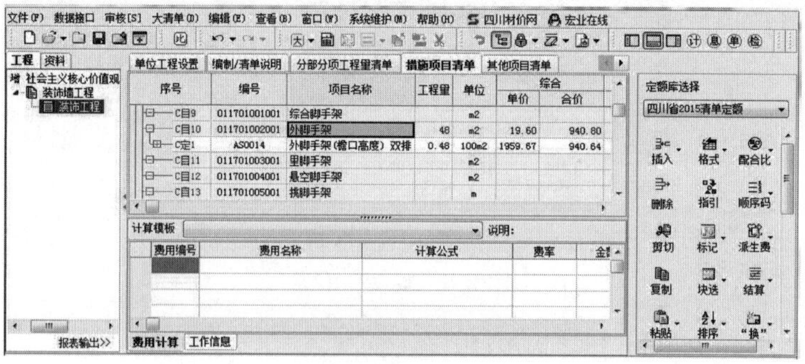

图 2-12 调整后（2）

图 2-13 调整后（3）

表 2-4　　人工费、材料价差调整后的结果对比

序　号	项　　目	调整前	调整后
1	石材墙面清单综合单价	495.74 元/m^2	592.76 元/m^2
2	金属字清单综合单价	135.16 元/个	187.77 元/个
3	脚手架清单综合单价	16.10 元/m^2	19.60 元/m^2
4	项目总价	34129.93 元	40826.29 元

项目三　建筑面积计算

3.1　教学实施方案

我们平时购买的房产在计算建筑面积时通常都是由套内建筑面积加分摊的共有公用建筑面积组成的。套内面积就是套内房屋使用面积，包括套内的墙体面积和阳台建筑面积。分摊面积包括电梯井、管道井、楼梯间等。

学习目标

掌握建筑面积的概念、组成；

掌握建筑面积计算规范中的规定；

能区别应该计算全面积和一半建筑面积的范围，明确不计算建筑面积的范围。

教学手段与方法

案例法、讲授法、示范法。

3.2　项目相关知识

3.2.1　建筑面积的概念

建筑面积也称建筑展开面积，是建筑物各层面积的总和。建筑面积包括使用面积、辅助面积和结构面积三部分。

（1）使用面积

使用面积是指建筑物各层平面中直接为生产或生活使用的净面积之和。例如，住宅建筑中的居室、客厅、书房、卫生间、厨房等。

（2）辅助面积

辅助面积是指建筑物各层平面中为辅助生产或辅助生活所占的净面积之和。例如，住宅建筑中的楼梯、走道等。使用面积与辅助面积之和称为有效面积。

（3）结构面积

结构面积是指建筑物各层平面中的墙、柱等结构所占的面积之和。

3.2.2　建筑面积的作用

（1）重要管理指标

建筑面积是建设投资、建设项目可行性研究、建设项目勘察设计、建设项目评估、建设项目招标投标、建筑工程施工和竣工验收、建设工程造价管理、建筑工程造价控制等一系列管理工作的重要指标。

（2）重要技术指标

建筑面积是计算开工面积、竣工面积、优良工程率、建筑装饰规模等重要的技术指标。

（3）重要经济指标

建筑面积是计算建筑、装饰等单位工程或单项工程的单位面积工程造价、人工消耗指标、机械台班消耗指标、工程量消耗指标的重要经济指标。

（4）重要计算依据

建筑面积是计算有关工程量的重要依据。例如，装饰用满堂脚手架工程量等。

综上所述，建筑面积是重要的技术经济指标，在全面控制建筑、装饰工程造价和建设过程中起着重要作用。

3.3　建筑面积计算

3.3.1　前期准备

由于建筑面积是计算各种技术经济指标的重要依据，这些指标又起着衡量和评价建设规模、投资效益、工程成本等方面重要尺度的作用。因此，中华人民共和国建设部颁发了《GB/T 50353—2013 建筑工程建筑面积计算规范》，规定了建筑面积的计算方法。

《GB/T 50353—2013 建筑工程建筑面积计算规范》主要规定了三个方面的内容：

① 计算全部建筑面积的范围和规定；

② 计算部分建筑面积的范围和规定；

③ 不计算建筑面积的范围和规定。

3.3.2　应计算建筑面积的范围

（1）单层建筑物

① 计算规定：单层建筑物的建筑面积，应按其外墙勒脚以上结构外围水平面积计算，并应符合下列规定：单层建筑物高度在 2.20m 及其以上应计算全面积；高度不足 2.20m 者应计算 1/2 面积。

② 计算规定解读

a. 单层建筑物可以是民用建筑、公共建筑，也可以是工业厂房。

b. “应按其外墙勒脚以上结构外围水平面积计算”的规定，主要强调勒脚是墙根部很矮的一部分墙体加厚，不能代表整个外墙结构，因此要扣除勒脚墙体加厚部分；另外，还强调建筑面积只包括外墙的结构面积，不包括外墙抹灰厚度、装饰材料厚度所占的面积。如图 3-1 所示，其建筑面积为：

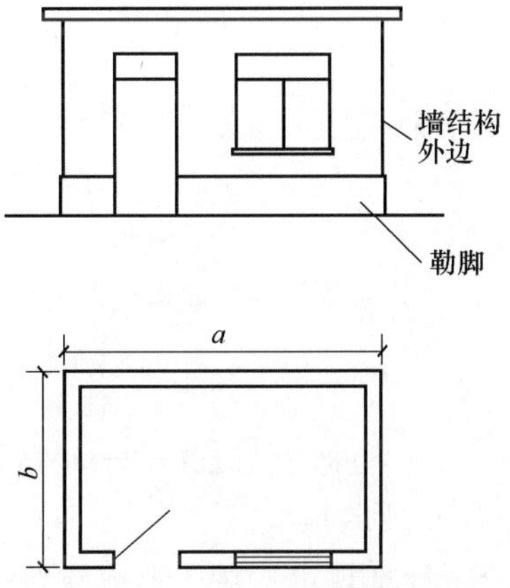

图 3-1　带勒脚的单层建筑物

$A=L\times b$(外墙外边尺寸,不含勒脚厚度)

c. 单层建筑物应按不同的高度确定其面积的计算。其高度指室内地面标高至屋面板板面结构标高之间的垂直距离。遇有以屋面板找坡的平屋顶单层建筑物，其高度指室内地面标高至屋面板最低处板面结构标高之间的垂直距离。

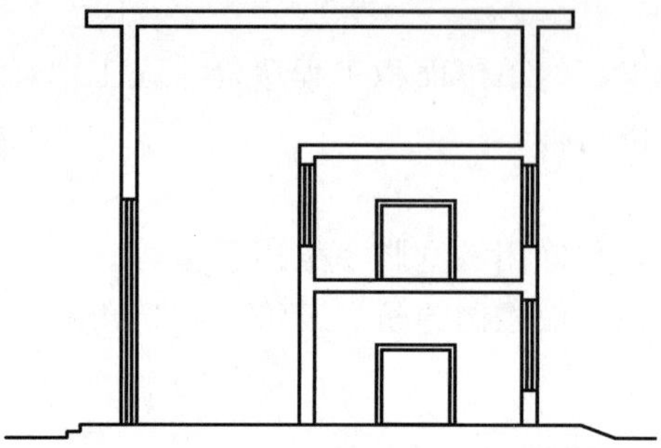

图 3-2　建筑物内的局部楼层

(2) 单层建筑物内设有局部楼层

① 计算规定：单层建筑物内设有局部楼层者，局部楼层的二层及以上楼层，有围护结构的应按其围护结构外围水平面积计算，无围护结构的应按其结构底板水平面积计算，且结构层高在 2.20m 及以上的，应计算全面积，结构层高在 2.20m 以下的，应计算 1/2 面积。

② 计算规定解读：建筑物内设有部分楼层的例子如图 3-2 所示。这时，局部楼层的墙厚应包括在楼层面积内。

【例 3-1】 根据图 3-3 计算该建筑的建筑面积（墙厚均为 240mm）。

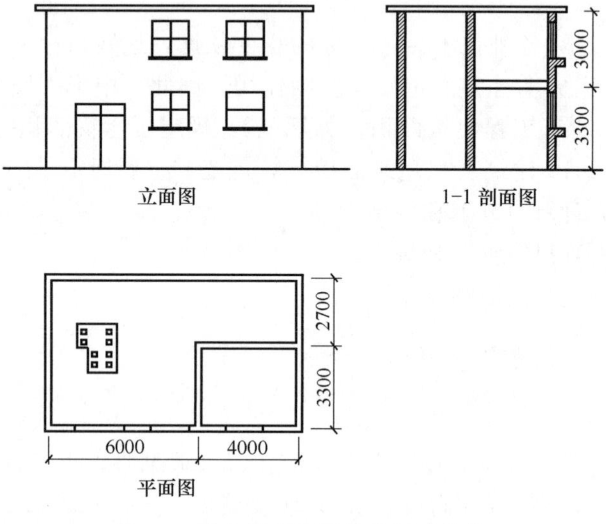

图 3-3　设有局部楼层的单层建筑物

【解】 底层建筑面积＝(6.00＋4.00＋0.24)×(3.30＋2.70＋0.24)

＝10.24×6.24

≈63.90 (m^2)

楼隔层建筑面积＝(4.00＋0.24)×(3.30＋0.24)

＝4.24×3.54

≈15.01 (m^2)

全部建筑面积＝63.90＋15.01＝78.91 (m^2)

(3) 坡屋顶

① 计算规定：对于形成建筑空间的坡屋顶，结构净高在 2.10m 及以上的部位应计算全面积；结构净高在 1.20m 及以上至 2.10m 以下的部位应计算 1/2 面积；结构净高在

1.20m 以下的部位不应计算建筑面积。

② 计算规定解读：关于坡屋顶内空间如何计算建筑面积，规范参照了《住宅设计规范》的有关规定，将坡屋顶的建筑按不同净高确定其面积的计算。净高指楼面或地面至上部楼板底或吊顶底面之间的垂直距离。利用坡屋顶空间净高计算建筑面积的部位举例如下，如图 3-4 所示。

a. 应计算 1/2 面积：（A 轴～B 轴）

$$A_1=(2.70-0.40)\times5.34\times0.50=6.15\ (\mathrm{m}^2)$$

b. 应计算全部面积：（B 轴～C 轴）

$$A_2=3.60\times5.34=19.22\ (\mathrm{m}^2)$$

小计：

$$S_1+S_2=6.15+19.22=25.37\ (\mathrm{m}^2)$$

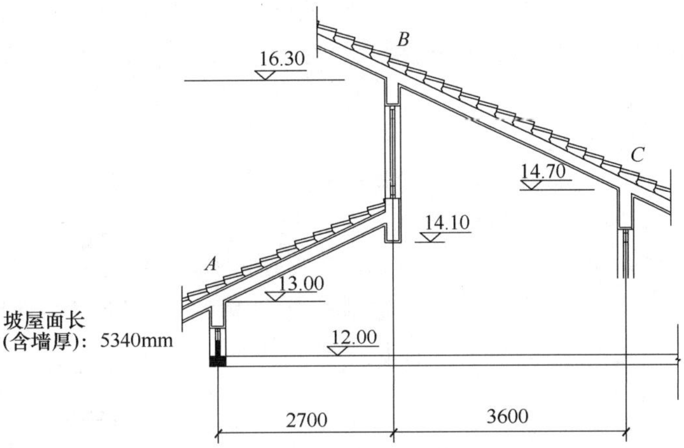

图 3-4 坡屋顶建筑物

（4）出入口外墙坡道

计算规定：出入口坡道分有顶盖出入口坡道和无顶盖出入口坡道，出入口坡道顶盖的挑出长度为顶盖结构外边线至外墙结构外边线的长度；顶盖以设计图纸为准，对后增加及建设单位自行增加的顶盖等不计算建筑面积。顶盖不分材料种类（如钢筋混凝土顶盖、彩钢板顶盖、阳光板顶盖等）。地下室出入口如图 3-5 所示。

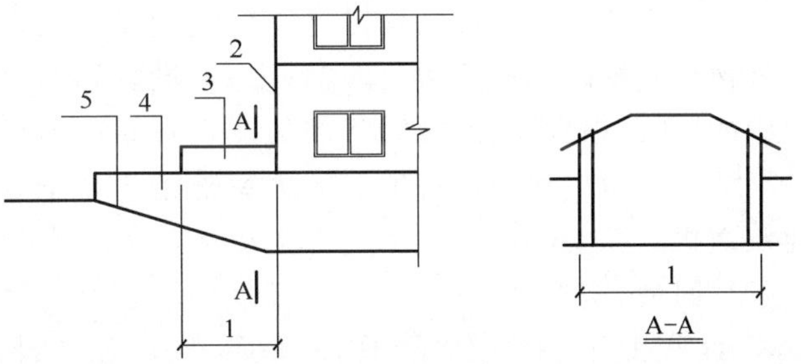

图 3-5 地下室出入口

1—计算 1/2 投影面积部位 2—主体建筑 3—出入口顶盖 4—封闭出入口侧墙 5—出入口坡道

（5）走廊、檐廊、挑廊

① 计算规定：有围护设施的室外走廊（挑廊），应按其结构底板水平投影面积计算 1/2 面积；有围护设施（或柱）的檐廊，应按其围护设施（或柱）外围水平面积计算 1/2 面积。

② 计算规定解读：檐廊示意图如图 3-6 所示。

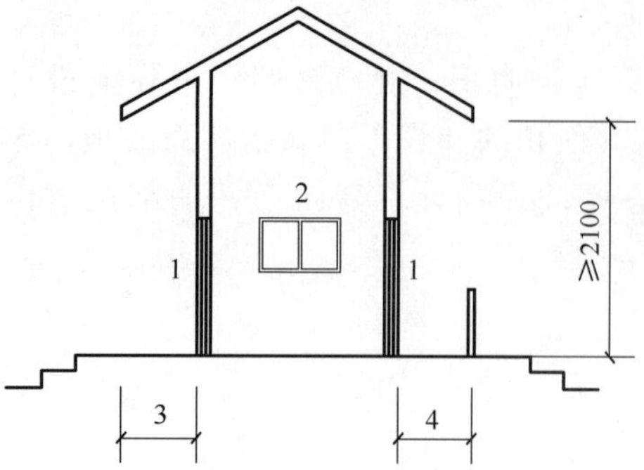

图 3-6 檐廊

1—檐廊 2—室内 3—不计算建筑面积部位
4—计算 1/2 建筑面积部位

(6) 雨篷

① 计算规定：有柱雨篷应按其结构板水平投影面积的 1/2 计算建筑面积；无柱雨篷的结构外边线至外墙结构外边线的宽度在 2.10m 及以上的，应按雨篷结构板水平投影面积的 1/2 计算建筑面积。

② 计算规定解读：雨篷分为有柱雨篷和无柱雨篷。有柱雨篷，没有出挑宽度的限制，也不受跨越层数的限制，均计算建筑面积。无柱雨篷，其结构板不能跨层，并受出挑宽度的限制，设计出挑宽度大于或等于 2.10m 时才计算建筑面积。出挑宽度，指雨篷结构外边线至外墙结构外边线的宽度，弧形或异形时，取最大宽度。

(7) 室内楼梯、电梯井等

① 计算规定：建筑物的室内楼梯、电梯井、提物井、管道井、通风排气竖井、烟道，应并入建筑物的自然层计算建筑面积。有顶盖的采光井应按一层计算面积，且结构净高在 2.10m 及以上的，应计算全面积；结构净高在 2.10m 以下的，应计算 1/2 面积。

② 计算规定解读：建筑物的楼梯间层数按建筑物的层数计算。有顶盖的采光井包括建筑物中的采光井和地下室采光井。地下室采光井如图 3-7 所示。

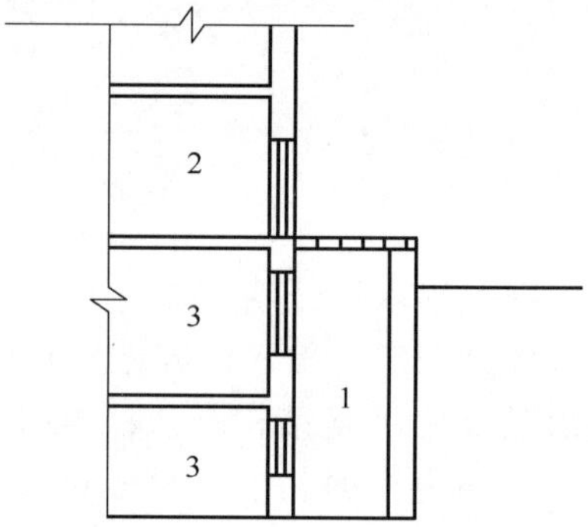

图 3-7 地下室采光井

1—采光井 2—室内 3—地下室

(8) 室外楼梯

① 计算规定：室外楼梯应并入所依附建筑物自然层，并应按其水平投影面积的 1/2 计算建筑面积。

② 计算规定解读：室外楼梯作为连接该建筑物层与层之间交通不可缺少的基本部件，无论从其功能，还是工程计价的要求来说，均需计算建筑面积。层数为室外楼梯所依附的楼层数，即梯段部分投影到建筑物范围的层数。利用室外楼梯下部的建筑空间不得重复计算建筑面积；利用地势砌筑的为室外踏步，不计算建筑面积。

(9) 阳台

① 计算规定：在主体结构内的阳台，应按其结构外围水平面积计算全面积；在主体结构外的阳台，应按其结构底板水平投影面积计算 1/2 面积。

② 计算规定解读：建筑物的阳台，不论其形式如何，均以建筑物主体结构为界分别计算建筑面积。

(10) 外墙保温层

① 计算规定：建筑物外墙的外保温层，应按其保温材料的水平截面积计算，并计入自然层建筑面积。

② 计算规定解读：为贯彻国家节能要求，鼓励建筑外墙采取保温措施，本规范将保

温材料的厚度计入建筑面积。建筑物外墙外侧有保温隔热层的，保温隔热层以保温材料的净厚度乘以外墙结构外边线长度，按建筑物的自然层计算建筑面积，其外墙外边线长度不扣除门窗和建筑物外已计算建筑面积构件（如阳台、室外走廊、门斗、落地橱窗等部件）所占长度。当建筑物外已计算建筑面积的构件（如阳台、室外走廊、门斗、落地橱窗等部件）有保温隔热层时，其保温隔热层也不再计算建筑面积。外墙是斜面者按楼面楼板处的外墙外边线长度乘以保温材料的净厚度计算。外墙外保温以沿高度方向满铺为准，某层外墙外保温铺设高度未达到全部高度时（不包括阳台、室外走廊、门斗、落地橱窗、雨篷、飘窗等），不计算建筑面积。保温隔热层的建筑面积是以保温隔热材料的厚度来计算的，不包含抹灰层、防潮层、保护层（墙）的厚度。建筑外墙外保温层如图 3-8 所示。

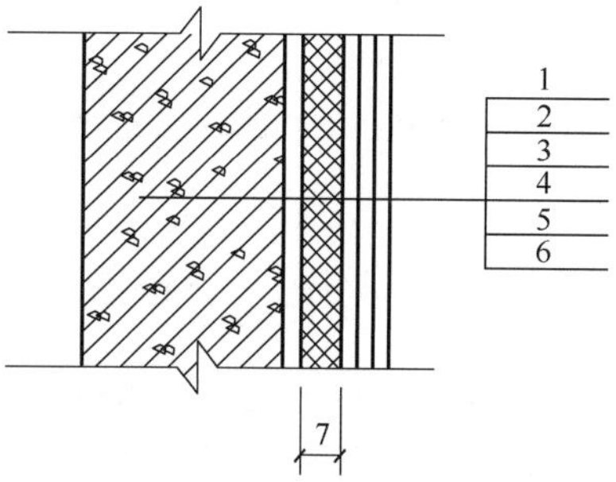

图 3-8　建筑外墙外保温层
1—墙体　2—黏结胶浆　3—保温材料
4—标准网　5—加强网　6—抹面胶浆
7—计算建筑面积部位

（11）变形缝

① 计算规定：与室内相通的变形缝，应按其自然层合并在建筑物建筑面积内计算。对于高低联跨的建筑物，当高低跨内部连通时，其变形缝应计算在低跨面积内。

② 计算规定解读：本规范所指的与室内相通的变形缝是指暴露在建筑物内，在建筑物内可以看得见的变形缝。

（12）设备层、管道层、避难层等

① 计算规定：对于建筑物内的设备层、管道层、避难层等有结构层的楼层，结构层高在 2.20m 及以上的，应计算全面积；结构层高在 2.20m 以下的，应计算 1/2 面积。

② 计算规定解读：设备层、管道层虽然其具体功能与普通楼层不同，但在结构上及施工消耗上并无本质区别，且本规范定义自然层为“按楼地面结构分层的楼层”，因此，设备、管道楼层归为自然层，其计算规则与普通楼层相同。在吊顶空间内设置管道的，则吊顶空间部分不能视为设备层、管道层。

3.3.3　不计算建筑面积的范围

① 与建筑物内不相连通的建筑部件：与建筑物内不相连通的建筑部件指依附于建筑物外墙外不与户室开门连通，起装饰作用的敞开式挑台（廊）、平台，以及不与阳台相通的空调室外机搁板（箱）等设备平台部件。

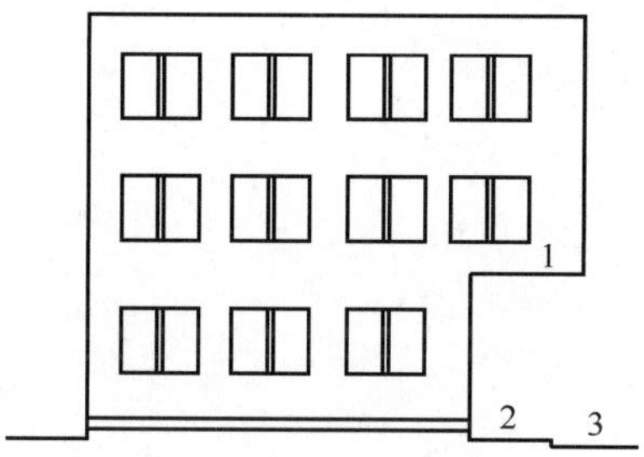

图 3-9　骑楼
1—骑楼　2—人行道　3—街道

② 骑楼、过街楼底层的开放公共空间和建筑物通道：骑楼如图 3-9 所示，过街楼如图 3-10 所示。

③ 舞台及后台悬挂幕布和布景的天桥、挑台等：指影剧院的舞台及为舞台服务的可供上人维修、悬挂幕布、布置灯光及布景等搭设的天桥和挑台等构件设施。

④ 露台、露天游泳池、花架、屋顶的水箱及装饰性结构构件。

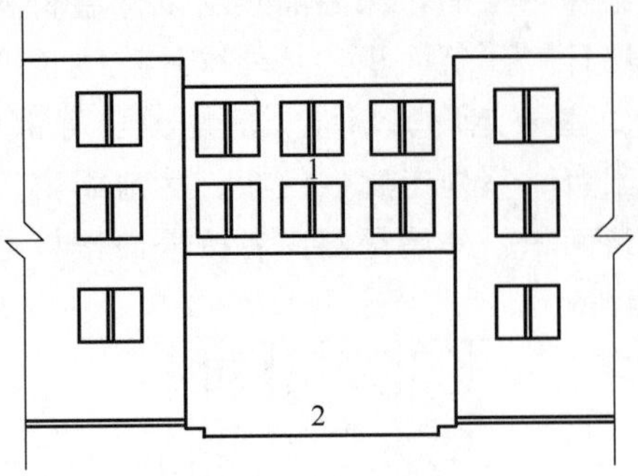

图 3-10 过街楼
1—过街楼 2—建筑物通道

⑤ 建筑物内的操作平台、上料平台、安装箱和罐体的平台：建筑物内不构成结构层的操作平台、上料平台（包括工业厂房、搅拌站和料仓等建筑中的设备操作控制平台、上料平台等），其主要作用为室内构筑物或设备服务的独立上人设施，因此不计算建筑面积。

⑥ 勒脚、附墙柱、垛、台阶、墙面抹灰、装饰面、镶贴块料面层、装饰性幕墙，主体结构外的空调室外机搁板（箱）、构件、配件，挑出宽度在 2.10m 以下的无柱雨篷和顶盖高度达到或超过两个楼层的无柱雨篷。

⑦ 窗台与室内地面高差在 0.45m 以下且结构净高在 2.10m 以下的凸（飘）窗，窗台与室内地面高差在 0.45m 及以上的凸（飘）窗。室外钢楼梯需要区分具体用途，如专用于消防楼梯，则不计算建筑面积，如果是建筑物唯一通道，兼用于消防，则需要按本规范的第 3.0.20 条计算建筑面积。

⑧ 室外爬梯、室外专用消防钢楼梯。

⑨ 无围护结构的观光电梯。

⑩ 建筑物以外的地下人防通道，独立的烟囱、烟道、地沟、油（水）罐、气柜、水塔、贮油（水）池、贮仓、栈桥等构筑物。

项目四　楼地面装饰工程的计量与计价

4.1　教学实施方案

随着生活水平的提高，新型建筑材料层出不穷，人们对住宅不仅从质量上也从美观上提出了新的要求。当业主进入新房准备装修的时候，选择自己喜欢的装饰材料来铺设地面是非常高兴的事情，但如何预算装修费用，选取不同的面层材料来装饰会影响材料的用量吗？如何来计算这些材料用量？这些问题关系到装修成本。

学习目标

了解楼地面工程的结构层次及工程做法；
熟悉相关定额及清单规范；
掌握楼地面每层结构层工程量计算的方法；
掌握楼地面工程清单编制及计价方法。

教学手段与方法

案例法、讲授法、示范法。

4.2　项目相关知识

4.2.1　前期准备

《GB 50500—2013 建设工程工程量清单计价规范》；
《GB 50854—2013 房屋建筑与装饰工程工程量计算规范》；
2015 年《四川省建设工程工程量清单计价定额》。

4.2.2　识读装饰施工图

具体内容如图 4-1 至图 4-5 所示。

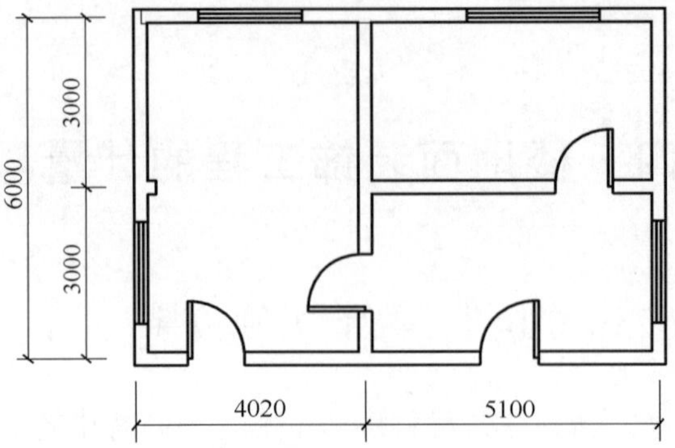

图 4-1　某建筑水泥砂浆整体面层

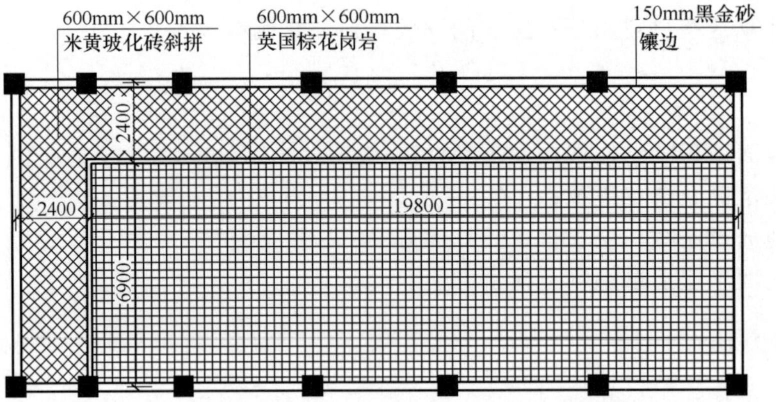

图 4-2　某建筑花岗岩地面

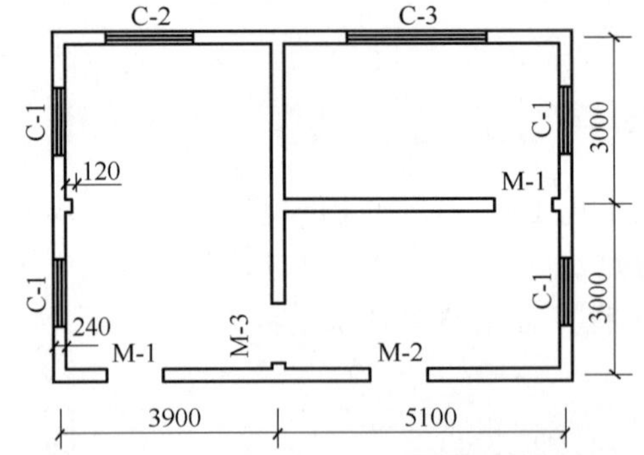

门窗表	
M-1	1000mm×2000mm
M-2	1200mm×2000mm
M-3	900mm×2400mm
C-1	1500mm×1500mm
C-2	1800mm×1500mm
C-3	3000mm×1500mm

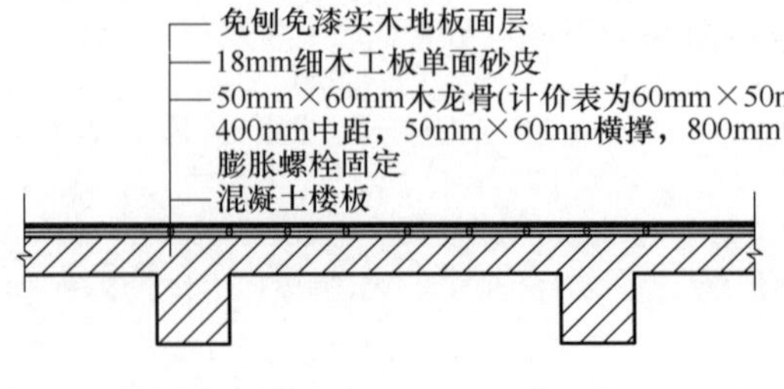

图 4-3　某会议室实木地板地面

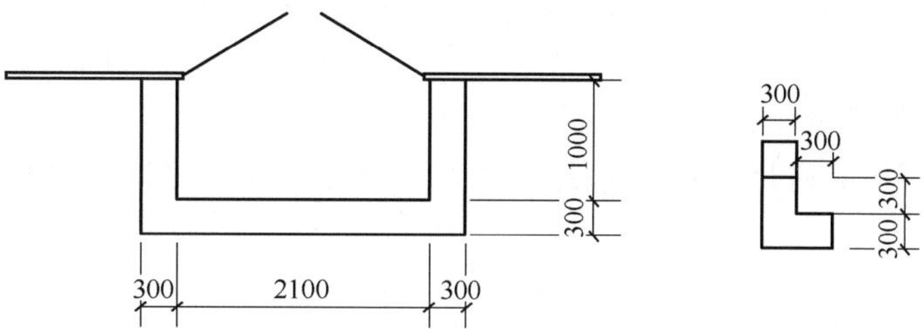

图 4-4　某芝麻白大理石楼梯地面

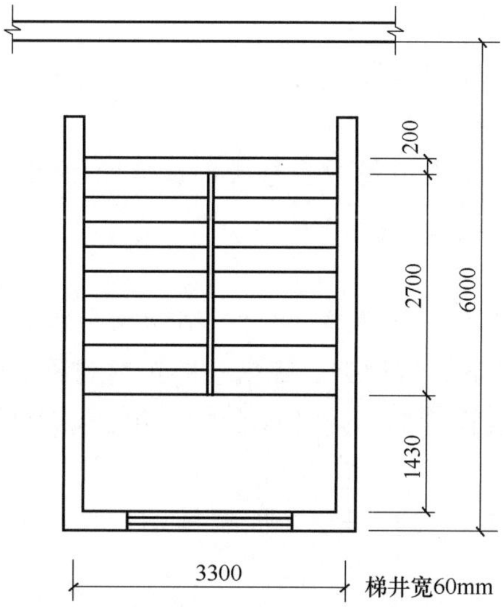

图 4-5　某建筑白瓷砖台阶面层

4.3　编制工程量清单

4.3.1　前期准备

（1）水泥砂浆楼地面（项目编码：011101001）

① 单位：m^2。

② 项目特征：垫层材料种类、厚度；找平层厚度、砂浆配合比；素水泥浆遍数；面层厚度、砂浆配合比；面层做法要求。

③ 工程量计算规则：按设计图示尺寸以面积计算。扣除凸出地面构筑物、设备基础、室内管道、地沟等所占面积，不扣除间壁墙及小于等于 $0.3m^2$ 的柱、垛、附墙烟囱及孔洞所占面积。门洞、空圈、暖气包槽、壁龛的开口部分不增加面积。

④ 工作内容：基层清理；垫层铺设；抹找平层；抹面层；材料运输。

（2）石材楼地面（项目编码：011102001）

① 单位：m^2。

② 项目特征：找平层厚度、砂浆配合比；结合层厚度、砂浆配合比；面层材料品种、

规格、颜色；嵌缝材料种类；防护层材料种类；酸洗、打蜡要求。

③ 工程量计算规则：按设计图示尺寸以面积计算。门洞、空圈、暖气包槽、壁龛的开口部分并入相应的工程量内。

④ 工作内容：基层清理、抹找平层；面层铺设、磨边；嵌缝；刷防护材料；酸洗、打蜡；材料运输。

（3）竹木地板（项目编码：011104002）

① 单位：m^2。

② 项目特征：龙骨材料种类、规格、铺设间距；基层材料种类、规格；面层材料品种、规格、颜色；防护材料种类。

③ 工程量计算规则：按设计图示尺寸以面积计算。门洞、空圈、暖气包槽、壁龛的开口部分并入相应的工程量内。

④ 工作内容：基层清理、龙骨铺设、基层铺设、面层铺贴、刷防护材料、材料运输。

（4）块料台阶面（项目编码：011107002）

① 单位：m^2。

② 项目特征：找平层厚度、砂浆配合比；粘结层材料种类；面层材料品种、规格、颜色；勾缝材料种类；防滑条材料种类、规格；防护材料种类。

③ 工程量计算规则：按设计图示尺寸以台阶（包括最上层踏步边沿加 300mm）水平投影面积计算。

④ 工作内容：基层清理；抹找平层；面层铺贴；贴嵌防滑条；勾缝；刷防护材料；材料运输。

（5）块料楼梯面层（项目编码：011106002）

① 单位：m^2。

② 项目特征：找平层厚度、砂浆配合比；黏结层厚度、材料种类；面层材料品种、规格、颜色；防滑条材料种类、规格；勾缝材料种类；防护层材料种类；酸洗、打蜡要求。

③ 工程量计算规则：按设计图示尺寸以楼梯（包括踏步、休息平台及小于等于 500mm 的楼梯井）水平投影面积计算。楼梯与楼地面相连时，算至梯口梁内侧边沿；无梯口梁者，算至最上一层踏步边沿加 300mm。

④ 工作内容：基层清理；抹找平层；面层铺贴、磨边；贴嵌防滑条；勾缝；刷防护材料；酸洗、打蜡；材料运输。

4.3.2 编制招标清单

依据图 4-1 至图 4-5 编制工程量招标清单，如表 4-1 所示。

表 4-1 **分部分项工程量清单与计价表**

工程名称：13 规范清单计价（15 定额）增值税工程项目【建筑与装饰工程】 标段： 第 1 页 共 1 页

<table>
<tr><th rowspan="3">序号</th><th rowspan="3">项目编码</th><th rowspan="3">项目名称</th><th rowspan="3">项目特征描述</th><th rowspan="3">计量单位</th><th rowspan="3">工程量</th><th colspan="3">金额(元)</th></tr>
<tr><th rowspan="2">综合单价</th><th rowspan="2">合价</th><th>其中</th></tr>
<tr><th>暂估价</th></tr>
<tr><td>1</td><td>011101001001</td><td>水泥砂浆楼地面</td><td>1. 垫层材料种类、厚度：C10 混凝土 80mm 厚；
2. 面层厚度、砂浆配合比：25mm 厚 1∶2 水泥砂浆</td><td>m²</td><td>47.91</td><td></td><td></td><td></td></tr>
<tr><td>2</td><td>011102003002</td><td>600mm×600mm 英国棕花岗岩楼地面</td><td>1. 找平层材料种类、厚度：1∶3 水泥砂浆 20mm 厚；
2. 结合层厚度、砂浆配合比：20mm 厚 1∶2 干硬性水泥砂浆；
3. 面层材料品种、规格：英国棕花岗岩 600mm×600mm；
4. 嵌缝材料种类：白水泥浆</td><td>m²</td><td>102.89</td><td></td><td></td><td></td></tr>
<tr><td>3</td><td>011102003003</td><td>600mm×600mm 米黄玻化砖楼地面</td><td>1. 找平层材料种类、厚度：1∶3 水泥砂浆 20mm 厚；
2. 结合层厚度、砂浆配合比：20mm 厚 1∶2 干硬性水泥砂浆；
3. 面层材料品种、规格：米黄玻化砖 600mm×600mm；
4. 嵌缝材料种类：白水泥浆</td><td>m²</td><td>56.91</td><td></td><td></td><td></td></tr>
<tr><td>4</td><td>011102003004</td><td>黑金砂镶边楼地面</td><td>1. 找平层材料种类、厚度：1∶3 水泥砂浆 20mm 厚；
2. 结合层厚度、砂浆配合比：20mm 厚 1∶2 干硬性水泥砂浆；
3. 防水层材料种类、厚度：JS 防水涂料 1.5mm 厚；
4. 面层材料品种、规格：黑金砂；
5. 嵌缝材料种类：白水泥浆</td><td>m²</td><td>13.09</td><td></td><td></td><td></td></tr>
<tr><td>5</td><td>011104002005</td><td>实木地板</td><td>1. 龙骨材料种类、规格、铺设间距：60mm×60mm 木龙骨；
2. 基层材料种类、规格：18mm 木地板；
3. 面层材料品种、规格、颜色：免刨免漆实木地板</td><td>m²</td><td>48.89</td><td></td><td></td><td></td></tr>
<tr><td>6</td><td>011107002006</td><td>白瓷砖块料台阶面</td><td>1. 找平层材料种类、厚度：1∶3 水泥砂浆 20mm 厚；
2. 黏结层厚度、砂浆配合比：20mm 厚 1∶2 干硬性水泥砂浆；
3. 面层材料品种、规格：花岗岩；
4. 嵌缝材料种类：水泥浆擦缝</td><td>m²</td><td>3.18</td><td></td><td></td><td></td></tr>
<tr><td>7</td><td>011106002007</td><td>大理石楼梯面层</td><td>1. 找平层厚度、砂浆配合比：1∶2 水泥砂浆 20mm 找平层；
2. 面层材料品种、规格、颜色：大理石面层 20mm 厚；
3. 防滑条材料种类、规格：金刚砂防滑条；
4. 结合层厚度、砂浆配合比：1∶2 水泥砂浆 20mm 结合层</td><td>m²</td><td>13.25</td><td></td><td></td><td></td></tr>
<tr><td colspan="7">本页小计</td><td></td><td></td></tr>
<tr><td colspan="7">合 计</td><td></td><td></td></tr>
</table>

注：为计取规费等的使用，可在表中增设“其中：定额人工费”。

4.3.3 清单工程量计算

图 4-1 中，水泥砂浆楼地面清单工程量计算如下：

水泥砂浆楼地面清单工程量＝建筑面积－墙结构面积

＝9.24×6.24－[(9＋6)×2＋6－0.24＋5.1－0.24]×0.24

＝57.66－40.62×0.24

＝57.66－9.75

＝47.91 (m^2)

图 4-2 中，块料石材楼地面清单工程量计算如下：

600mm×600mm 英国棕花岗岩清单工程量

＝(19.5－0.15)×(5.5－0.15)－0.7×0.15×6＝102.89 (m^2)

600mm×600mm 米黄玻化砖清单工程量

＝(19.5＋2.4－0.15×2)×(2.4－0.15×2)＋5.5×(2.4－0.15×2)

＝56.91 (m^2)

150mm 黑金砂镶边清单工程量

＝(19.5＋2.4)×(5.5＋2.4)－102.89－56.91－0.4×0.15×12＝13.09 (m^2)

图 4-3 中，会议室免刨、免漆木地板面层清单工程量计算如下：

木地板面层清单工程量＝实铺面积

＝(3.9－0.24)×(6－0.24)＋(3－0.24)×(5.1－0.24)×2＋1×0.24×2＋1.2×0.24＋0.9×0.24

＝21.0816＋26.8272＋0.48＋0.288＋0.216

＝48.89 (m^2)

图 4-4 中，白瓷砖台阶面层清单工程量计算如下：

白瓷砖台阶面层清单工程量＝台阶中心线长×台阶宽

＝[(0.30×2＋2.1)＋(0.30＋1.0)×2]×(0.30×2)

＝5.30×0.6

＝3.18 (m^2)

图 4-5 中，大理石楼梯面层清单工程量计算如下：

大理石楼梯面层清单工程量＝楼梯水平投影面积

＝(3.3－0.24)×(1.43＋2.7＋0.2)

＝3.06×4.33

＝13.25 (m^2)

4.4 工程量清单计价

4.4.1 前期准备

(1) 一般说明

本分部整体面层及块料面层楼地面垫层按本定额“D 砌筑工程”及“E 混凝土及钢筋混凝土工程”相应垫层项目执行。

(2) 整体面层

① 水泥砂浆整体面层的砂浆厚度与定额不同时，按平面水泥砂浆找平层“每增减”

相应定额项目调整。

② 整体面层除楼梯外，定额均未包括踢脚线工料，按相应定额项目计算。

（3）块料面层

① 块料面层的材料规格不同时，定额用量不得调整。

② 块料面层项目内只包括结合层砂浆，结合层厚度为 15mm，如与设计不同时，按平面找平层相应“每增减”项目调整。

（4）楼梯、台阶

① 找平层、水泥砂浆、水泥豆石浆及水磨石、石材、块料楼梯面层以水平投影面积（包括踏步、休息平台、锁口梁）计算。楼梯井宽 500mm 以内者不予扣除。楼梯与楼层相连接时，算至最后一个踏步外边缘加 300mm 为界。

② 按设计图示尺寸，以台阶（包括最上层踏步外沿加 300mm）水平投影面积计算。

（5）其他

零星装饰项目指楼梯、台阶牵边和侧面装饰及 0.5m^2 以内少量分散的楼地面装修。

4.4.2　清单计价

依据图 4-1 至图 4-5 进行工程量清单计价，见表 4-2。

表 4-2　分部分项工程量清单与计价表

工程名称：13 规范清单计价（15 定额）增值税工程项目【建筑与装饰工程】　标段：　第 1 页　共 1 页

序号	项目编码	项目名称	项目特征描述	计量单位	工程量	金额（元）		
						综合单价	合价	其中 暂估价
1	011101001001	水泥砂浆楼地面	1. 垫层材料种类、厚度：C10 混凝土 80mm 厚； 2. 面层厚度、砂浆配合比：25mm 厚 1∶2 水泥砂浆	m^2	47.91	27.39	1312.26	
	AL0004	楼地面水泥砂浆整体面层特细砂 厚度 25mm 1∶2	—	100m^2	0.479	2739.59	1312.26	
2	011102003002	600mm×600mm 英国棕花岗岩	1. 找平层厚度、砂浆配合比：1∶3 水泥砂浆 20mm 找平层； 2. 结合层厚度、砂浆配合比：1∶2 水泥砂浆 20mm 结合层； 3. 面层材料品种、规格、颜色：600mm × 600mm 花岗岩面层	m^2	102.89	257.73	26517.96	
	AL0073	楼地面找平层水泥砂浆（特细砂）厚度 20mm 在填充材料上 1∶3	—	100m^2	1.029	1982.52	2040.01	

续表

序号	项目编码	项目名称	项目特征描述	计量单位	工程量	金额（元）		
						综合单价	合价	其中 暂估价
2	AL0115 换	花岗岩地砖楼地面≤600mm×600mm	—	100m²	1.029	23788.10	24477.95	
3	011102003003	600mm×600mm米黄玻化砖	1. 找平层厚度、砂浆配合比：1∶3 水泥砂浆 20mm 找平层； 2. 结合层厚度、砂浆配合比：1∶2 水泥砂浆 20mm 结合层； 3. 面层材料品种、规格、颜色：600mm × 600mm 米黄玻化砖	m²	56.91	121.76	6929.59	
	AL0115	地砖楼地面≤600mm×600mm	—	100m²	0.569	10463.10	5953.50	
	AL0070	楼地面找平层水泥砂浆（中砂）厚度 20mm 在混凝土及硬基层上 1∶3	—	100m²	0.569	1715.44	976.09	
4	011102003004	黑金砂镶边楼地面	1. 找平层材料种类、厚度：1∶3 水泥砂浆 20mm 厚； 2. 结合层厚度、砂浆配合比：20mm 厚 1∶2 干硬性水泥砂浆； 3. 防水层材料种类、厚度：JS 防水涂料 1.5mm 厚； 4. 面层材料品种、规格：黑金砂； 5. 嵌缝材料种类：白水泥浆	m²	13.09	170.34	2229.72	
	AL0099	拼花点缀花岗石		100m²	0.131	17020.77	2229.72	
5	011104002005	实木地板	1. 龙骨材料种类、规格、铺设间距：60mm × 60mm 木龙骨； 2. 基层材料种类、规格：18mm 木地板； 3. 面层材料品种、规格、颜色：免刨、免漆实木地板	m²	48.89	276.36	13511.09	
	AL0159	木地板基层（厚 18mm）	—	100m²	0.489	6504.25	3180.58	
	AL0163	木地板实木地板	—	100m²	0.489	17674.17	8642.67	
	AL0155	木地板地龙骨	—	100m²	0.489	3451.61	1687.84	

续表

序号	项目编码	项目名称	项目特征描述	计量单位	工程量	金额(元)		
						综合单价	合价	其中 暂估价
6	011107002007	白瓷砖台阶面	1. 找平层厚度、砂浆配合比：1：3水泥砂浆20mm找平层； 2. 结合层厚度、砂浆配合比：1：2水泥砂浆20mm结合层； 3. 面层材料品种、规格、颜色：白瓷砖面层	m^2	3.18	102.02	324.43	
	AL0073	楼地面找平层水泥砂浆(特细砂)厚度20mm在填充材料上 1：3	—	$100m^2$	0.032	1982.52	63.44	
	AM0471换	块料零星项目瓷砖贴面水泥砂浆特细砂	—	$100m^2$	0.032	8155.95	260.99	
7	011106002007	大理石楼梯面层	1. 找平层厚度、砂浆配合比：1：2水泥砂浆20mm找平层； 2. 面层材料品种、规格、颜色：大理石面层20mm厚； 3. 防滑条材料种类、规格：金刚砂防滑条； 4. 结合层厚度、砂浆配合比：1：2水泥砂浆20mm结合层	m^2	13.25	357.12	4731.80	
	AL0208换	块料楼梯面层楼梯 大理石面层	—	$100m^2$	0.133	30266.13	4025.40	
	AL0317	防滑条 金刚砂	—	100m	0.216	308.92	66.73	
	AL0230	水泥砂浆找平层(特细砂)楼梯、台阶(厚度20mm) 1：2	—	$100m^2$	0.133	4809.52	639.67	
本页小计							111113.7	
合　　计							111113.7	

注：为计取规费等的使用，可在表中增设“其中：定额人工费”。

4.4.3　定额工程量计算

（1）整体面层及找平层

楼地面面层、找平层按墙与墙间的净面积计算，应扣除凸出地面的构筑物、设备基础、室内铁道、单个面积大于0.3m^2的落地沟槽、放物柜、炉灶、柱和不做面层的地沟盖板等所占的面积。不扣除垛、间壁墙（厚120mm以内的砌体）、烟囱及单个面积小于等于 0.3m² 的孔洞、柱所占面积，但门洞圈开口部分也不增加。

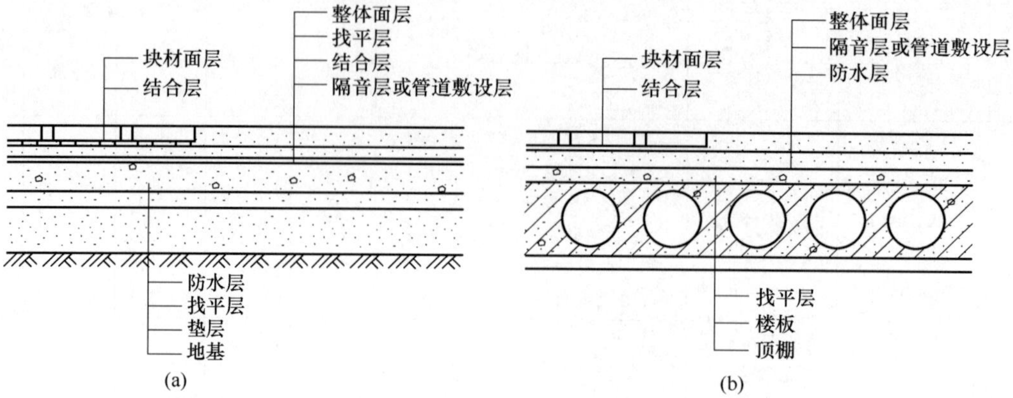

图 4-6　楼地面构造层示意

(a) 地面各构造层　(b) 楼面各构造层

(2) 块料面层、橡塑面层、其他材料面层

① 楼地面装饰面积按实铺面积计算，不扣除单个面积小于等于 0.3m² 的孔洞、柱所占面积。

② 点缀拼花按点缀实铺面积计算，在计算主体铺贴地面面积时，不扣除点缀拼花所占的面积。

(3) 定额工程量计算

图 4-1 至图 4-5 中相关项目定额工程量计算如下：

图 4-1 中，水泥砂浆楼地面定额工程量计算如下：

水泥砂浆楼地面定额工程量＝建筑面积－墙结构面积

＝9.24×6.24－[(9＋6)×2＋6－0.24＋5.1－0.24]×0.24

＝57.66－40.62×0.24

＝47.91 (m²)

图 4-2 中，块料石材楼地面定额工程量计算如下：

600mm×600mm 英国棕花岗岩定额工程量

＝(19.5－0.15)×(5.5－0.15)－0.7×0.15×6

＝102.89 (m²)

600mm×600mm 米黄玻化砖定额工程量

＝(19.5＋2.4－0.15×2)×(2.4－0.15×2)＋5.5×(2.4－0.15×2)

＝56.91 (m²)

150mm 黑金砂镶边定额工程量

＝(19.5＋2.4)×(5.5＋2.4)－102.89－56.91－0.4×0.15×12

＝13.09 (m²)

图 4-3 中，会议室免刨、免漆木地板面层定额工程量计算如下：

木地板面层定额工程量＝实铺面积

＝(3.9－0.24)×(6－0.24)＋(3－0.24)×(5.1－0.24)×2＋1×0.24×2＋1.2×0.24＋0.9×0.24

＝21.0816＋26.8272＋0.48＋0.288＋0.216

＝48.89 (m²)

图 4-4 中，白瓷砖台阶面层定额工程量计算如下：

白瓷砖台阶面层定额工程量＝台阶中心线长×台阶宽

＝[(0.30×2＋2.1)＋(0.30＋1.0)×2]×(0.30×2)

＝5.30×0.6

＝3.18（m^2）

图 4-5 中，大理石楼梯面层定额工程量计算如下：

大理石楼梯面层定额工程量＝楼梯水平投影面积

＝(3.3－0.24)×(1.43＋2.7＋0.2)

＝3.06×4.33

＝13.25（m^2）

防滑条定额工程量＝（楼梯踏步宽－0.3)×18

＝[(3.3－0.24－0.06)×0.5－0.3]×18

＝21.6（m）

4.4.4　综合单价分析表

综合单价分析表见表 4-3 至表 4-9。

表 4-3　　综合单价分析表（1）

工程名称：　13 规范清单计价（15 定额）增值税工程项目 \ 单项工程 1【建筑与装饰工程】　　标段：　　第 1 页　共 7 页

项目编码		(1) 011101001001		项目名称		水泥砂浆楼地面		计量单位	m^2	工程量	47.91
清单综合单价组成明细											
定额编号	定额项目名称	定额单位	数量	单价				合价			
				人工费	材料费	机械费	管理费和利润	人工费	材料费	机械费	管理费和利润
AL0004	楼地面水泥砂浆整体面层特细砂厚度 25mm 1∶2	$100m^2$	0.01	1357.69	1167.20	7.82	206.88	13.58	11.67	0.08	2.07
人工单价		小　计						13.58	11.67	0.08	2.07
元/工日		未计价材料费									
清单项目综合单价								27.40			
材料费明细	主要材料名称、规格、型号					单位	数量	单价（元）	合价（元）	暂估单价（元）	暂估合价（元）
	水泥砂浆(特细砂) 1∶2					m^3	0.0253	430.46	10.89		
	水泥浆					m^3	0.001	606.80	0.61		
	水泥 32.5					kg	[16.694]	0.40	(6.68)		
	特细砂					m^3	[0.0271]	178.00	(4.82)		
	水					m^3	0.046	3.79	0.17		
	其他材料费							—		—	
	材料费小计							—	11.67	—	

表 4-4　　　　**综合单价分析表（2）**

工程名称：13 规范清单计价（15 定额）增值税工程项目\单项工程 1【建筑与装饰工程】　　标段：　　第 2 页　共 7 页

项目编码		(2) 011102003002		项目名称		600mm×600mm 英国棕花岗岩		计量单位	m²	工程量	102.89
清单综合单价组成明细											
定额编号	定额项目名称	定额单位	数量	单价				合价			
				人工费	材料费	机械费	管理费和利润	人工费	材料费	机械费	管理费和利润
AL0073	楼地面找平层水泥砂浆(特细砂)厚度 20mm 在填充材料上 1∶3	100m²	0.01	861.30	981.54	7.82	131.86	8.61	9.82	0.08	1.32
AL0115 换	花岗岩地砖楼地面≤600mm×600mm	100m²	0.01	3709.93	19165.98	20.06	892.13	37.10	191.66	0.20	8.92
人工单价		小　计						45.71	201.48	0.28	10.24
元/工日		未计价材料费									
清单项目综合单价								257.71			

材料费明细	主要材料名称、规格、型号	单位	数量	单价（元）	合价（元）	暂估单价（元）	暂估合价（元）
	水泥砂浆(特细砂) 1∶3	m³	0.0253	386.84	9.79		
	水泥 32.5	kg	[20.305]	0.40	(8.12)		
	特细砂	m³	[0.02985]	178.00	(5.31)		
	水	m³	0.012	3.79	0.05		
	EPS 花岗岩漆装饰板 30mm	m²	1.0251	180.00	184.52		
	水泥砂浆(中砂) 1∶2	m³	0.0152	442.80	6.73		
	白水泥	kg	0.083	0.50	0.04		
	中砂	m³	[0.0158]	195.00	(3.08)		
	其他材料费			—	0.35	—	
	材料费小计			—	201.48	—	

表 4-5 **综合单价分析表（3）**

工程名称：13 规范清单计价（15 定额）增值税工程项目 \ 单项工程 1【建筑与装饰工程】 标段： 第 3 页 共 7 页

项目编码	(3) 011102003003	项目名称	600mm×600mm 米黄玻化砖	计量单位	m^2	工程量	56.91

清单综合单价组成明细

定额编号	定额项目名称	定额单位	数量	单价				合价			
				人工费	材料费	机械费	管理费和利润	人工费	材料费	机械费	管理费和利润
AL0115	地砖楼地面≤600mm×600mm	$100m^2$	0.01	3709.93	5840.98	20.06	892.13	37.10	58.41	0.20	8.92
AL0070	楼地面找平层水泥砂浆(中砂)厚度 20mm 在混凝土及硬基层上 1∶3	$100m^2$	0.01	779.20	810.78	6.34	119.12	7.79	8.11	0.06	1.19
人工单价		小计						44.89	66.52	0.26	10.11
元/工日		未计价材料费									
清单项目综合单价								121.78			

	主要材料名称、规格、型号	单位	数量	单价（元）	合价（元）	暂估单价（元）	暂估合价（元）
材料费明细	彩釉地砖 600×600	m^2	1.0248	50.00	51.24		
	水泥砂浆(中砂) 1∶2	m^3	0.0152	442.80	6.73		
	白水泥	kg	0.082	0.50	0.04		
	水泥 32.5	kg	[18.045]	0.40	(7.22)		
	中砂	m^3	[0.0388]	195.00	(7.57)		
	水	m^3	0.017	3.79	0.06		
	水泥砂浆(中砂) 1∶3	m^3	0.0202	399.10	8.06		
	其他材料费			—	0.39	—	
	材料费小计			—	66.52	—	

表 4-6 **综合单价分析表（4）**

工程名称：13 规范清单计价（15 定额）增值税工程项目 \ 单项工程 1【建筑与装饰工程】　标段：　第 4 页　共 7 页

<table>
<tr><td colspan="2">项目编码</td><td>(4) 011102003004</td><td colspan="2">项目名称</td><td colspan="2">150mm 黑金砂</td><td>计量单位</td><td>m^2</td><td>工程量</td><td>13.09</td></tr>
<tr><td colspan="12">清单综合单价组成明细</td></tr>
<tr><td rowspan="2">定额编号</td><td rowspan="2">定额项目名称</td><td rowspan="2">定额单位</td><td rowspan="2">数量</td><td colspan="4">单价</td><td colspan="4">合价</td></tr>
<tr><td>人工费</td><td>材料费</td><td>机械费</td><td>管理费和利润</td><td>人工费</td><td>材料费</td><td>机械费</td><td>管理费和利润</td></tr>
<tr><td>AL0099</td><td>石材楼地面点缀、拼花花岗石</td><td>$100m^2$</td><td>0.01</td><td>3811.25</td><td>11980.23</td><td>21.46</td><td>1207.83</td><td>38.11</td><td>119.80</td><td>0.21</td><td>12.08</td></tr>
<tr><td></td><td></td><td></td><td></td><td></td><td></td><td></td><td></td><td></td><td></td><td></td><td></td></tr>
<tr><td colspan="2">人工单价</td><td colspan="6">小　　计</td><td>38.11</td><td>119.80</td><td>0.21</td><td>12.08</td></tr>
<tr><td colspan="2">元/工日</td><td colspan="6">未计价材料费</td><td colspan="4"></td></tr>
<tr><td colspan="8">清单项目综合单价</td><td colspan="4">170.20</td></tr>
<tr><td rowspan="9">材料费明细</td><td colspan="4">主要材料名称、规格、型号</td><td>单位</td><td>数量</td><td>单价（元）</td><td>合价（元）</td><td>暂估单价（元）</td><td colspan="2">暂估合价（元）</td></tr>
<tr><td colspan="4">花岗石板厚 20mm</td><td>m^2</td><td>1.1309</td><td>100.00</td><td>113.09</td><td></td><td colspan="2"></td></tr>
<tr><td colspan="4">水泥砂浆(中砂) 1：2</td><td>m^3</td><td>0.0152</td><td>442.80</td><td>6.73</td><td></td><td colspan="2"></td></tr>
<tr><td colspan="4">白水泥</td><td>kg</td><td>0.01</td><td>0.50</td><td>0.01</td><td></td><td colspan="2"></td></tr>
<tr><td colspan="4">水泥 32.5</td><td>kg</td><td>[9.127]</td><td>0.40</td><td>(3.65)</td><td></td><td colspan="2"></td></tr>
<tr><td colspan="4">中砂</td><td>m^3</td><td>[0.0158]</td><td>195.00</td><td>(3.08)</td><td></td><td colspan="2"></td></tr>
<tr><td colspan="4">水</td><td>m^3</td><td>0.005</td><td>3.79</td><td>0.02</td><td></td><td colspan="2"></td></tr>
<tr><td colspan="6">其他材料费</td><td>—</td><td></td><td>—</td><td colspan="2"></td></tr>
<tr><td colspan="6">材料费小计</td><td>—</td><td>119.85</td><td>—</td><td colspan="2"></td></tr>
</table>

表 4-7　　　　　　　　　　　综合单价分析表（5）

工程名称：【建筑与装饰工程】13 规范清单计价（15 定额）增值税工程项目＼单项工程 1　　标段：　　第 5 页　共 7 页

项目编码	(5) 011104002005	项目名称	木地板	计量单位	m^2	工程量	48.89

清单综合单价组成明细											
定额编号	定额项目名称	定额单位	数量	单价				合价			
				人工费	材料费	机械费	管理费和利润	人工费	材料费	机械费	管理费和利润
AL0159	木地板基层（厚 18mm）	100m^2	0.01	2886.84	2928.50		688.91	28.87	29.29		6.89
AL0163	木地板实木地板面层	100m^2	0.01	1935.65	15276.60		461.92	19.36	152.77		4.62
AL0155	木地板地龙骨	100m^2	0.01	2094.84	821.89	26.11	508.77	20.95	8.22	0.26	5.09
人工单价		小　计						69.18	190.28	0.26	16.60
元/工日		未计价材料费									
清单项目综合单价								276.32			

材料费明细	主要材料名称、规格、型号	单位	数量	单价（元）	合价（元）	暂估单价（元）	暂估合价（元）
	锯材 综合	m^3	0.02981	1200.00	35.77		
	实木地板	m^2	1.0502	140.00	147.03		
	地毯胶垫	m^2	1.03	5.00	5.15		
	其他材料费			—	2.32	—	
	材料费小计			—	190.27	—	

表 4-8 **综合单价分析表（6）**

工程名称：13 规范清单计价（15 定额）增值税工程项目\单项工程 1【建筑与装饰工程】 标段： 第 6 页 共 7 页

项目编码		(6) 011106002006		项目名称		大理石楼梯面层		计量单位	m²	工程量	13.25
清单综合单价组成明细											
定额编号	定额项目名称	定额单位	数量	单价				合价			
				人工费	材料费	机械费	管理费和利润	人工费	材料费	机械费	管理费和利润
AL0208换	块料楼梯面层 楼梯 大理石面层	100m²	0.01	7865.81	20432.36	67.86	1900.10	78.66	204.32	0.68	19.00
AL0317	防滑条 金刚砂	100m	0.0163	175.56	91.46		41.90	2.86	1.49		0.68
AL0230	水泥砂浆找平层(特细砂) 楼梯、台阶(厚度 20mm) 1∶2	100m²	0.01	3142.13	1175.74	13.79	477.86	31.42	11.76	0.14	4.78
人工单价		小 计						112.94	217.57	0.82	24.46
元/工日		未计价材料费									
清单项目综合单价								355.79			

	主要材料名称、规格、型号	单位	数量	单价（元）	合价（元）	暂估单价（元）	暂估合价（元）
材料费明细	大理石板 厚 20mm	m²	1.6166	120.00	193.99		
	水泥砂浆(中砂) 1∶2	m³	0.0234	442.80	10.36		
	白水泥	kg	0.151	0.50	0.08		
	水泥 32.5	kg	[30.234]	0.40	(12.09)		
	中砂	m³	[0.0243]	195.00	(4.74)		
	水	m³	0.0543	3.79	0.21		
	金刚砂	kg	0.7	2.00	1.40		
	水泥 32.5	kg	0.228	0.40	0.09		
	水泥砂浆(特细砂) 1∶2	m³	0.027	430.46	11.62		
	特细砂	m³	[0.0289]	178.00	(5.14)		
	其他材料费			—		—	
	材料费小计			—	217.75	—	

表 4-9　　　　**综合单价分析表（7）**

工程名称：13 规范清单计价（15 定额）增值税工程项目\单项工程 1【建筑与装饰工程】　　标段：　　第 7 页　共 7 页

<table>
<tr><td colspan="2">项目编码</td><td colspan="2">（7）
011107002007</td><td colspan="2">项目名称</td><td colspan="2">白瓷砖台阶面</td><td>计量单位</td><td>m²</td><td>工程量</td><td>3.18</td></tr>
<tr><td colspan="12">清单综合单价组成明细</td></tr>
<tr><td rowspan="2">定额编号</td><td rowspan="2">定额项目名称</td><td rowspan="2">定额单位</td><td rowspan="2">数量</td><td colspan="4">单价</td><td colspan="4">合价</td></tr>
<tr><td>人工费</td><td>材料费</td><td>机械费</td><td>管理费和利润</td><td>人工费</td><td>材料费</td><td>机械费</td><td>管理费和利润</td></tr>
<tr><td>AL0073</td><td>楼地面找平层水泥砂浆(特细砂)厚度20mm 在填充材料上 1∶3</td><td>100m²</td><td>0.01</td><td>861.30</td><td>981.54</td><td>7.82</td><td>131.86</td><td>8.61</td><td>9.82</td><td>0.08</td><td>1.32</td></tr>
<tr><td>AM0471 换</td><td>块料零星项目瓷砖贴面水泥砂浆特细砂</td><td>100m²</td><td>0.01</td><td>5041.54</td><td>1842.19</td><td>51.61</td><td>1220.61</td><td>50.42</td><td>18.42</td><td>0.52</td><td>12.21</td></tr>
<tr><td colspan="2">人工单价</td><td colspan="6">小　计</td><td>59.03</td><td>28.24</td><td>0.60</td><td>13.53</td></tr>
<tr><td colspan="2">元/工日</td><td colspan="6">未计价材料费</td><td colspan="4"></td></tr>
<tr><td colspan="8">清单项目综合单价</td><td colspan="4">101.40</td></tr>
<tr><td rowspan="10">材料费明细</td><td colspan="5">主要材料名称、规格、型号</td><td>单位</td><td>数量</td><td>单价（元）</td><td>合价（元）</td><td>暂估单价（元）</td><td>暂估合价（元）</td></tr>
<tr><td colspan="5">水泥砂浆(特细砂) 1∶3</td><td>m³</td><td>0.02546</td><td>386.84</td><td>9.85</td><td></td><td></td></tr>
<tr><td colspan="5">水泥 32.5</td><td>kg</td><td>[15.174]</td><td>0.40</td><td>(6.07)</td><td></td><td></td></tr>
<tr><td colspan="5">特细砂</td><td>m³</td><td>[0.03354]</td><td>178.00</td><td>(5.97)</td><td></td><td></td></tr>
<tr><td colspan="5">水</td><td>m³</td><td>0.009</td><td>3.79</td><td>0.03</td><td></td><td></td></tr>
<tr><td colspan="5">瓷砖 152×152×5</td><td>m²</td><td>1.157</td><td>14.00</td><td>16.20</td><td></td><td></td></tr>
<tr><td colspan="5">水泥砂浆(特细砂) 1∶1</td><td>m³</td><td>0.00473</td><td>463.32</td><td>2.19</td><td></td><td></td></tr>
<tr><td colspan="5">白水泥</td><td>kg</td><td>0.171</td><td>0.50</td><td>0.09</td><td></td><td></td></tr>
<tr><td colspan="7">其他材料费</td><td>—</td><td></td><td>—</td><td></td></tr>
<tr><td colspan="7">材料费小计</td><td>—</td><td>28.36</td><td>—</td><td></td></tr>
</table>

项目五　天棚装饰工程的计量与计价

5.1　教学实施方案

天棚又称为顶棚、天花板，在室内是占有人们较大视域的一个空间界面，其装饰处理对于整个室内装饰效果有较大影响，同时对于改善室内物理环境也有显著作用。天棚分为直接式和悬吊式两种，常用的做法有抹灰、涂料、吊顶棚等。根据不同房屋的功能要求、外观形式、饰面材料等，人们选定不同的装饰方式。那么不同的天棚装修方式，应该如何来计算材料用量并计价呢？这是我们本章要解决的问题。

学习目标

了解天棚工程的装饰构造及工程做法；

掌握天棚抹灰的清单工程量计算方法及定额工程量计算方法；

掌握主要天棚吊顶的清单工程量计算方法及定额工程量计算方法；

掌握工程量清单编制及计价方法。

教学手段与方法

讲授法、案例法、现场教学法以及多媒体辅助教学法。

5.2　项目相关知识

5.2.1　前期准备

《GB 50500—2013 建设工程工程量清单计价规范》；

《GB 50854—2013 房屋建筑与装饰工程工程量计算规范》；

2015 年《四川省建设工程工程量清单计价定额》。

5.2.2　识读装饰施工图

图 5-1 所示为某工程建筑平面图、梁结构图，墙体厚度均为 240mm，板厚 100mm，现浇混凝土天棚面做法为 5mm 厚 1∶1∶4 混合砂浆底、5mm 厚 1∶0.5∶3 混合砂浆面。

图 5-2 和图 5-3 所示为某房间顶棚轻钢龙骨石膏吊顶构造及施工平面图，净长 15m，净宽 10m，中间有混凝土柱（600mm×600mm）。顶棚轻钢龙骨吊顶，面层为石膏板刷乳胶漆。

预制钢筋混凝土板底吊不上人型装配式 U 型轻钢龙骨，间距 450mm×450mm，面层为纸面石膏板上粘贴 4mm 厚铝塑板，尺寸如图 5-4 所示。

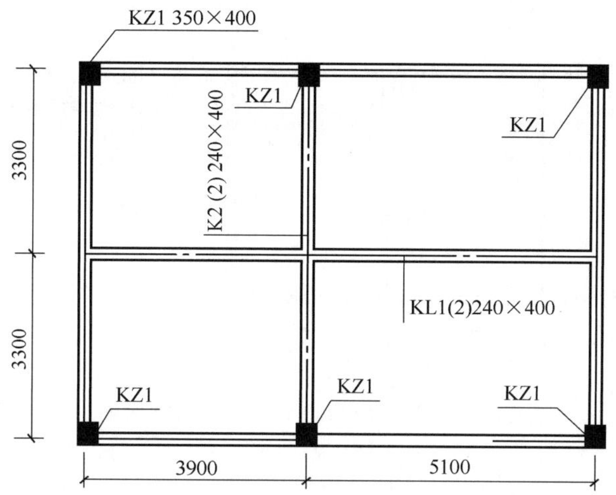

图 5-1　某天棚及梁结构示意图

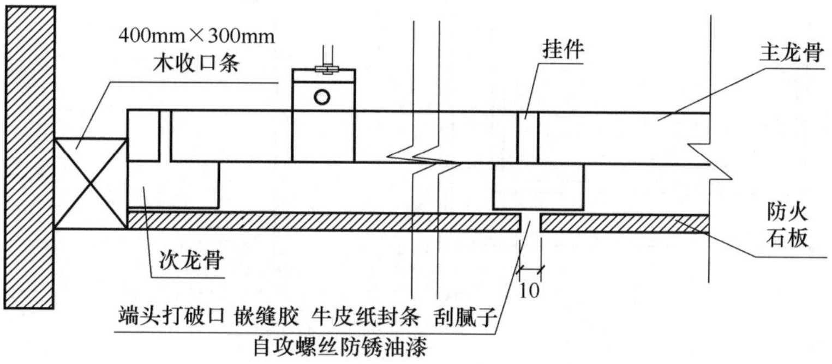

图 5-2　轻钢龙骨石膏吊顶构造图

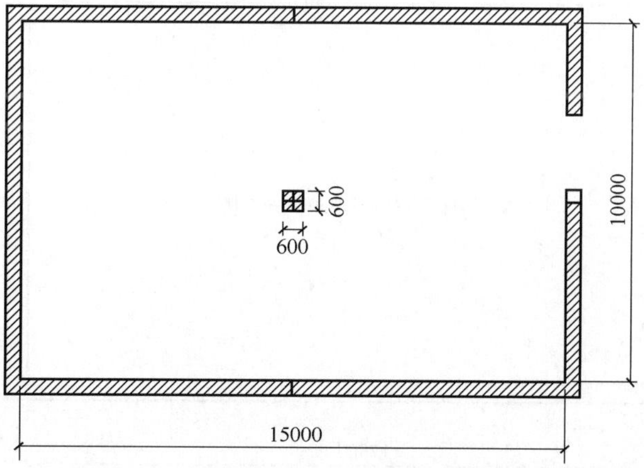

图 5-3　轻钢龙骨石膏板吊顶布置平面图

某三级天棚尺寸如图 5-5 所示，钢筋混凝土板下吊方木龙骨，面层为塑料板。
图 5-6 所示为某医院大厅上空采用钢结构的钢化玻璃采光天棚。

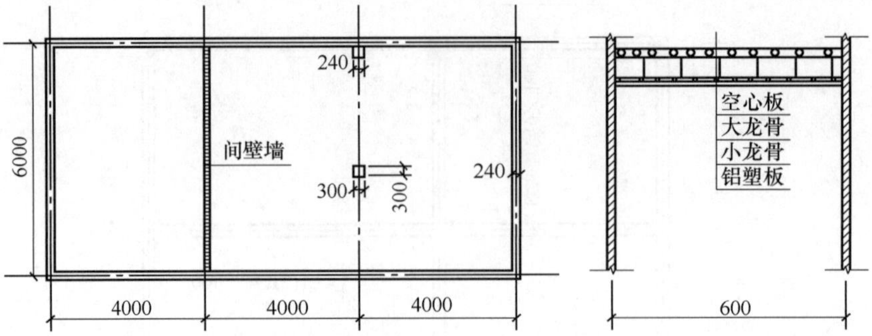

图 5-4　铝塑板吊顶平面布置及剖面图

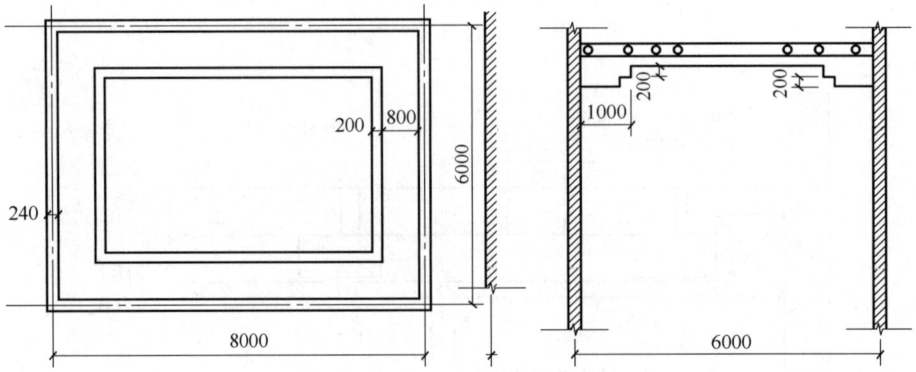

图 5-5　塑料板吊顶平面布置及剖面图

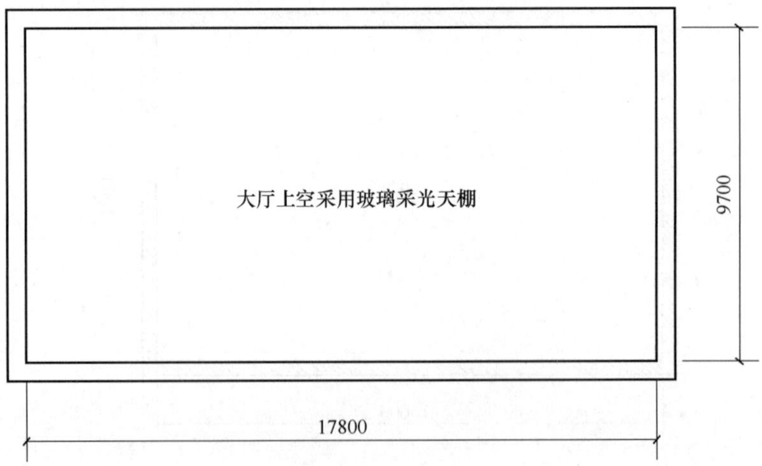

图 5-6　钢化玻璃采光天棚布置平面图

图 5-7 所示为某天花板布置图，读图纸可知共有 4 个回风口，9 个射灯。

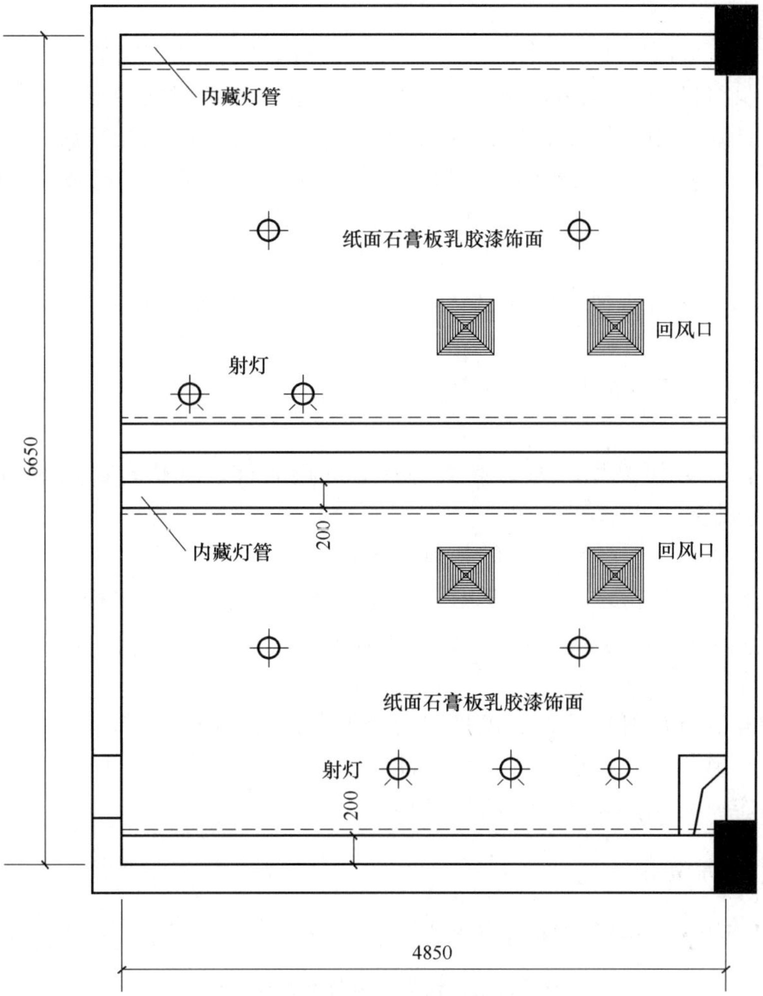

图 5-7　某天花板布置图

5.3　编制工程量清单

5.3.1　前期准备

（1）天棚抹灰（项目编码：011301001）

① 单位：m^2。

② 项目特征：基层类型；抹灰厚度、材料种类；砂浆配合比。

③ 工程量计算规则：按设计图示尺寸水平投影面积计算。不扣除间壁墙、垛、柱、附墙烟囱、检查口和管道所占的面积，带梁天棚的两侧抹灰面积并入天棚面积内，板式楼梯底面抹灰按斜面积计算，锯齿形楼梯地板抹灰按展开面积计算。

④ 工作内容：基层清理；底层抹灰；抹面层。

（2）吊顶天棚（项目编码：011302001）

① 单位：m^2。

② 项目特征：吊顶形式、吊杆规格、高度；龙骨材料种类、规格、中距；基层材料种类、规格；面层材料种类、规格；压条材料种类、规格；镶缝材料种类；防护材料种类。

③ 工程量计算规则：按设计图纸尺寸水平投影面积计算。天棚面中的灯槽及跌级、锯齿形、吊挂式、藻井式、天棚面积不展开计算。不扣除间壁墙、检查口、附墙烟囱、柱垛和管道所占面积，扣除单个面积大于 0.3m^2 的孔洞、独立柱及与天棚相连的窗帘盒所占的面积。

④ 工作内容：基层清理、吊杆安装；龙骨安装；基层板铺贴；面层铺贴；嵌缝；刷防护材料。

（3）采光天棚（项目编码：011303001）

① 单位：m^2。

② 项目特征：骨架类型；固定类型、固定材料品种、规格；面层材料品种、规格；嵌缝；塞口材料种类。

③ 工程量计算规则：按框外围展开面积计算。

④ 工作内容：基层清理；面层制安；嵌缝、塞口；清洗采光天棚。

（4）送风口、回风口（项目编码：011304002）

① 单位：个。

② 项目特征：风口材料品种、规格；安装固定方式；防护材料种类。

③ 工程量计算规则：按设计图示数量计算。

④ 工作内容：安装、固定；刷防护材料。

5.3.2 编制招标清单

依据图 5-1 至图 5-7 编制工程量招标清单，见表 5-1。

表 5-1　　分部分项工程量清单与计价表（1）

工程名称：13 规范清单计价（15 定额）增值税工程项目【建筑与装饰工程】　　标段：　　第 1 页　共 1 页

序号	项目编码	项目名称	项目特征描述	计量单位	工程量	金额(元)		
						综合单价	合价	其中 暂估价
1	011301001001	天棚抹灰	1. 基层类型：现浇混凝土天棚面； 2. 抹灰厚度、材料种类：5mm 厚 1∶1∶4 混合砂浆； 3. 砂浆配合比：5mm 厚 1∶0.5∶3 混合砂浆	m^2	59.3			
2	011302001002	吊顶天棚	1. 吊顶形式、吊杆规格：轻钢龙骨吊顶，60mm 直径吊杆； 2. 龙骨材料种类、规格：装配式 T 型铝合金轻钢龙骨，600mm×600mm 平面； 3. 面层材料品种、规格：纸质石膏板刷乳胶漆面层	m^2	149.64			

续表

序号	项目编码	项目名称	项目特征描述	计量单位	工程量	金额(元)		
						综合单价	合价	其中 暂估价
3	011302001003	吊顶天棚	1. 吊顶形式：不上人型轻钢龙骨吊顶； 2. 龙骨材料种类、规格：装配式 U 型轻钢龙骨，间距 450mm×450mm； 3. 面层材料品种、规格：纸面石膏板粘贴 4mm 厚铝塑板	m^2	67.56			
4	011302001004	吊顶天棚	1. 吊顶形式：三级跌级式吊顶； 2. 龙骨材料种类：方木龙骨； 3. 面层材料：塑料板	m^2	44.7			
5	011303001005	采光天棚	1. 骨架类型：钢骨架； 2. 固定类型、固定材料品种、规格：不锈钢点驳爪连接； 3. 面层材料品种、规格：钢化玻璃	m^2	172.66			
6	011304002006	回风口	1. 风口材料品种：铝合金回风口； 2. 安装固定方式：自攻丝固定	个	4			
本页小计								
合　计								

注：为计取规费等的使用，可在表中增设“其中：定额人工费”。

5.3.3　清单工程量计算

根据图 5-1 所示，计算该工程天棚抹灰项目的清单工程量：

解：① 主墙间净面积＝(3.9＋5.1－0.24×2)×(6.6－0.24)＝54.19（m^2）

② L1 梁侧面抹灰面积＝(0.4－0.1)×2×(3.9＋5.1－0.24×2)＝5.11（m^2）

天棚抹灰工程量 A＝①＋②＝54.19＋5.11＝59.30（m^2）

根据图 5-2 和图 5-3 所示，计算该工程天棚吊顶项目的清单工程量：

解：①主墙间净面积＝15×10＝150（m^2）

②混凝土柱所占面积＝0.6×0.6＝0.36（m^2），应扣除

天棚吊顶清单工程量 A＝①－②＝150－0.36＝149.64（m^2）

根据图 5-4 所示，计算该工程天棚吊顶项目的清单工程量：

解：①主墙间净面积＝(4×3－0.12×2)×(6－0.12×2)＝67.74（m^2）

②独立柱所占面积＝0.3×0.3＝0.09（m^2），应扣除

天棚吊顶清单工程量 A＝①－②＝67.74－0.09＝67.65（m^2）

根据图 5-5 所示，计算该工程天棚吊顶项目的清单工程量：

解：主墙间水平投影面积 $A=(8-0.24)\times(6-0.24)=44.70$（$m^2$）

即塑料板天棚吊顶清单工程量为 44.70m^2。

根据图 5-6 所示，计算该工程采光天棚项目的清单工程量：

解：框外围展开面积$=17.8\times9.7=172.66$（m^2）

即采光天棚工程量为 172.66m^2。

根据图 5-7 所示，计算该工程回风口项目的清单工程量：

解：由图 5-7 知回风口一共 4 个，故回风口清单工程量为 4 个。

5.4 工程量清单计价

5.4.1 前期准备

（1）天棚抹灰定额计算规则

天棚抹灰面积按墙与墙间的净空面积计算，不扣除间壁墙（厚度小于等于 120mm 的墙体）、垛、附墙烟囱、检查口、天棚装饰线脚、管道以及单个面积小于等于 0.3m^2 的孔洞及占位面积。

（2）天棚吊顶定额计算规则

① 天棚吊顶是按龙骨、基层、面层分别列项编制，根据设计选用。

② 天棚龙骨是按常用材料、规格和常用做法编制的，如与设计要求不同时，材料允许调整，人工及其他材料不变。

③ 天棚龙骨项目未包括灯具、电器设备等安装所需的吊挂件，发生时另行计算。

④ 吊筋安装，定额中上人型按预埋铁件计算，不上人型按射钉固定计算。如为砖墙上钻洞、搁放骨架者，按相应天棚项目，每 100m^2 增加一般装饰技工 1.4 工日；上人型天棚吊筋改为射钉固定者，每 100m^2 减少一般装饰技工 0.25 工日，吊筋 3.8kg，增加钢板 27.6kg，射钉 585 个。不上人型天棚龙骨吊筋改为预埋时，每 100m^2 增加一般装饰技工 0.97 工日，吊筋 30kg。

⑤ 天棚圆木骨架，用于板条、钢板网、木丝板天棚面层时，扣除定额中的 1.13m^3 的原木；天棚方木骨架，用于板条、钢板网、木丝板天棚面层时，扣除定额中的 0.904m^3 的锯材。

⑥ 天棚面层定额中已包括检查孔的工料，不另计算，但未包括各种装饰线条，设计要求时，另行计算。

⑦ 天棚面层在同一标高者为平面天棚，天棚面层不在同一标高者为跌级天棚。跌级造型天棚，其面层安装人工费乘以系数 1.20。

⑧ 胶合板如钻吸音孔时，每 100m^2 增加装饰技工 6.5 工日。

⑨ 中空玻璃采光天棚、钢化玻璃采光天棚的金属结构骨架按本定额（即 2015 年《四川省建设工程工程量清单计价定额》）“F 金属结构工程”相应定额项目计算。

⑩ 天棚木龙骨未包括刷防火涂料，按本定额（即 2015 年《四川省建设工程工程量清单计价定额》）“P 油漆、涂料、裱糊工程”相应定额项目执行。

(3) 采光天棚定额计算规则

按框外围展开面积计算。

(4) 天棚其他装饰定额计算规则

① 灯带、灯槽：按设计图示尺寸以框外围面积计算。

② 送风口、回风口：按设计图示数量以个计算。

5.4.2　清单计价

依据图 5-1 至图 5-7 进行工程量清单计价，见表 5-2。

表 5-2　　**分部分项工程量清单与计价表（2）**

工程名称：　13 规范清单计价（15 定额）增值税工程项目【建筑与装饰工程】　　标段：　　第 1 页　共 1 页

序号	项目编码	项目名称	项目特征描述	计量单位	工程量	金额(元)		
						综合单价	合价	其中 暂估价
1	011301001001	天棚抹灰	1. 基层类型：现浇混凝土天棚面； 2. 抹灰厚度、材料种类：5mm 厚 1∶1∶4 混合砂浆； 3. 砂浆配合比：5mm 厚 1∶0.5∶3 混合砂浆	m^2	59.3	17.83	1057.32	
	AN0007	天棚抹灰 混凝土天棚 混合砂浆面（细砂）	—	$100m^2$	0.593	1783	1057.32	
2	011302001002	吊顶天棚	1. 吊顶形式、吊杆规格：轻钢龙骨吊顶，60mm 直径吊杆； 2. 龙骨材料种类、规格：装配式 T 型铝合金轻钢龙骨，600mm×600mm 平面； 3. 面层材料品种、规格：纸质石膏板刷乳胶漆面层	m^2	149.64	72.26	10812.99	
	AN0044	天棚吊顶 装配式 T 型铝合金(烤漆)龙骨 不上人型 面层规格 600mm×600mm 平面	—	$100m^2$	1.5	3067.8	4601.7	
	AN0080	天棚吊顶 天棚基层 纸面石膏板 平面	—	$100m^2$	1.496	2220.11	3321.285	
	AP0206	木材、石膏面 乳胶漆底漆一遍 面漆两遍	—	$100m^2$	1.496	1931.16	2889.015	

续表

序号	项目编码	项目名称	项目特征描述	计量单位	工程量	金额(元)		
						综合单价	合价	其中 暂估价
3	011302001003	吊顶天棚	1. 吊顶形式:不上人型轻钢龙骨吊顶; 2. 龙骨材料种类、规格:装配式 U 型轻钢龙骨,间距450mm×450mm; 3. 面层材料品种、规格:纸面石膏板粘贴 4mm 厚铝塑板	m^2	67.56	132.77	8969.94	
	AN0026	天棚吊顶 装配式U型轻钢龙骨 不上人型 面层规格450mm×450mm平面	—	$100m^2$	0.677	3923.37	2656.12	
	AN0080	天棚吊顶 天棚基层 纸面石膏板 平面	—	$100m^2$	0.677	2220.11	1503.01	
	AN0092	天棚吊顶 天棚面层 铝塑板	—	$100m^2$	0.677	7123.41	4815.43	
4	011302001004	吊顶天棚	1. 吊顶形式:三级跌级式吊顶; 2. 龙骨材料种类:方木龙骨; 3. 面层材料:塑料板	m^2	44.7	121.05	5410.94	
	AN0019	天棚吊顶 天棚方木龙骨 单层龙骨 迭级造型	—	$100m^2$	0.447	6652.85	2973.82	
	AN0107 换	天棚吊顶 塑料板面层 硬塑料板 [人×1.2]	—	$100m^2$	0.526	3194.71	1680.42	
	AP0376	木材构件喷刷防火涂料 天棚 方木骨架 两遍	—	$100m^2$	0.447	1689.78	755.33	
5	011303001005	采光天棚	1. 骨架类型:钢骨架; 2. 固定类型、固定材料品种、规格:不锈钢点驳爪连接; 3. 面层材料品种、规格:钢化玻璃	m^2	172.66	167.19	28867.03	
	AN0142	钢化玻璃采光天棚 钢结构	—	$100m^2$	1.727	16719.22	28874.09	

续表

序号	项目编码	项目名称	项目特征描述	计量单位	工程量	金额(元)		
						综合单价	合价	其中 暂估价
6	011304002006	回风口	1. 风口材料品种:铝合金回风口; 2. 安装固定方式:自攻螺丝固定	个	4	50.58	202.32	
	AN0150	回风口 铝合金	—	10个	0.4	505.83	202.33	
本页小计							110650.41	
合　计							110650.41	

注：为计取规费等的使用，可在表中增设“其中：定额人工费”。

5.4.3　定额工程量计算

根据图 5-1 所示，计算该工程天棚抹灰项目的定额工程量。

（1）定额工程量计算规则

天棚抹灰面积按墙与墙间的净空面积计算，不扣除间壁墙（厚度小于等于 120mm 的墙体）、垛、附墙烟囱、检查口、天棚装饰线脚、管道以及单个面积小于等于 0.3m^2 的孔洞及占位面积。有梁板底抹灰按展开面积计算，梁两侧抹灰面积并入天棚面积内。

（2）定额工程量计算

主墙间净面积＝(3.9＋5.1－0.24×2)×(6.6－0.24)＝54.19（m^2）

L1梁侧面抹灰面积＝(0.4－0.1)×2×(3.9＋5.1－0.24×2)＝5.11（m^2）

天棚抹灰工程量 A＝①＋②＝54.19＋5.11＝59.30（m^2）

根据图 5-2 和图 5-3 所示，计算该工程天棚吊顶项目的定额工程量。

（1）定额工程量计算规则

天棚龙骨按主墙间净空面积计算，不扣除间壁墙、检查口、附墙烟囱、柱、垛和管道所占的面积，但天棚中的折线、迭落等圆弧形、高低灯槽等面积也不展开计算。

天棚基层及面层按实铺面积计算，扣除单个面积大于 0.3m^2 的占位面积及与天棚相连的窗帘盒所占的面积。

（2）定额工程量计算

① 天棚铝合金轻钢龙骨：吊顶天棚铝合金轻钢龙骨定额工程量 A＝15×10＝150（m^2）。

② 面层工程量

主墙间净面积＝15×10＝150（m^2）

混凝土柱所占面积＝0.6×0.6＝0.36m^2＞0.3（m^2），应扣除

吊顶天棚石膏板定额工程量 A＝①－②＝150－0.36＝149.64（m^2）

吊顶天棚乳胶漆定额工程量 A＝①－②＝150－0.36＝149.64（m^2）

根据图 5-4 所示，计算该工程天棚吊顶项目的定额工程量。

（1）定额工程量计算规则

天棚龙骨按主墙间净空面积计算，不扣除间壁墙、检查口、附墙烟囱、柱、垛和管道所占的面积，但天棚中的折线、迭落等圆弧形、高低灯槽等面积也不展开计算。

天棚基层及面层按实铺面积计算，扣除单个面积大于 $0.3m^2$ 的占位面积及与天棚相连的窗帘盒所占的面积。

（2）定额工程量计算

① 天棚装配式U型轻钢龙骨：吊顶天棚装配式U型轻钢龙骨定额工程量

$$A=(4\times3-0.12\times2)\times(6-0.12\times2)=67.74\ (m^2)$$

② 面层工程量

主墙间净面积 $=(4\times3-0.12\times2)\times(6-0.12\times2)=67.74\ (m^2)$

独立柱所占面积 $=0.3\times0.3=0.09\ (m^2)$，应扣除

吊顶天棚纸面石膏板定额工程量 $A=$①－②$=67.74-0.09=67.65\ (m^2)$

吊顶天棚铝塑板定额工程量 $A=$①－②$=67.74-0.09=67.65\ (m^2)$

根据图5-5所示，计算该工程天棚吊顶项目的定额工程量。

（1）定额工程量计算规则

天棚龙骨按主墙间净空面积计算，不扣除间壁墙、检查口、附墙烟囱、柱、垛和管道所占的面积，但天棚中的折线、迭落等圆弧形、高低灯槽等面积也不展开计算。

天棚基层及面层按实铺面积计算，扣除单个面积大于 $0.3m^2$ 的占位面积及与天棚相连的窗帘盒所占的面积。

（2）定额工程量计算

① 方木龙骨：方木龙骨定额工程量 $A=(8-0.24)\times(6-0.24)=44.70\ (m^2)$。

② 方木龙骨防火涂料：方木龙骨防火涂料定额工程量 $A=(8-0.24)\times(6-0.24)=44.70\ (m^2)$。

③ 塑料板面层工程量

主墙间净面积 $=(8-0.24)\times(6-0.24)=44.70\ (m^2)$

迭落侧面面积 $=(8-0.24-0.8\times2+6-0.24-0.8\times2)\times2\times0.2+(8-0.24-1\times2+6-0.24-1\times2)\times2\times0.2=7.94\ (m^2)$

塑料板面层定额工程量 $A=$①＋②$=44.70+7.94=52.64\ (m^2)$

根据图5-6所示，计算该工程采光天棚项目的定额工程量。

（1）定额工程量计算规则

按框外围展开面积计算。

（2）定额工程量计算

框外围展开面积 $=17.8\times9.7=172.66\ (m^2)$，即采光天棚钢化玻璃工程量。

根据图5-7所示，计算该工程回风口项目的定额工程量。

（1）定额工程量计算规则

按设计图示数量以个计算。

（2）定额工程量计算

由图5-7可知回风口一共4个，故回风口定额工程量为4个。

5.4.4 综合单价分析

依据图5-1至图5-7进行综合单价分析，见表5-3至表5-8。

表 5-3　　　　　　　　　　**综合单价分析表（1）**

工程名称：13 规范清单计价（15 定额）增值税工程项目 1【建筑与装饰工程】　　标段：　　第 1 页　共 6 页

项目编码		(1) 011301001001		项目名称		天棚抹灰		计量单位	m^2	工程量	59.3
清单综合单价组成明细											
定额编号	定额项目名称	定额单位	数量	单价				合价			
				人工费	材料费	机械费	管理费和利润	人工费	材料费	机械费	管理费和利润
AN0007	天棚抹灰 混凝土天棚 混合砂浆面（细砂）	$100m^2$	0.01	1051.82	513.64	6.15	211.17	10.52	5.14	0.06	2.11
人工单价		小　计						10.52	5.14	0.06	2.11
元/工日		未计价材料费									
清单项目综合单价								17.83			
材料费明细	主要材料名称、规格、型号					单位	数量	单价（元）	合价（元）	暂估单价（元）	暂估合价（元）
	混合砂浆(细砂) 1∶0.3∶3					m^3	0.0041	247.80	1.02		
	混合砂浆(细砂) 1∶0.5∶2.5					m^3	0.0135	253.10	3.42		
	水泥 805 胶浆 1∶0.1∶0.2					m^3	0.001	591.60	0.59		
	水泥 32.5					kg	[8.774]	0.40	(3.51)		
	805 胶水					kg	[0.102]	1.00	(0.10)		
	石灰膏					m^3	[0.0027]	130.00	(0.35)		
	细砂					m^3	[0.0177]	60.00	(1.06)		
	水					m^3	0.018	2.00	0.04		
	其他材料费							—	0.07	—	
	材料费小计							—	5.14	—	

注：1. 如不适用省级或行业建设主管部门发布的计价依据，可不填定额编号、名称等。

2. 招标文件提供了暂估单价的材料，按暂估的单价填入表内“暂估单价”栏及“暂估合价”栏。

表 5-4 **综合单价分析表（2）**

工程名称：13 规范清单计价（15 定额）增值税工程项目 1【建筑与装饰工程】　　标段：　　第 2 页　共 6 页

项目编码		(2) 011302001002		项目名称		吊顶天棚		计量单位	m²	工程量	149.64
清单综合单价组成明细											
定额编号	定额项目名称	定额单位	数量	单价				合价			
				人工费	材料费	机械费	管理费和利润	人工费	材料费	机械费	管理费和利润
AN0044	天棚吊顶 装配式 T 型铝合金（烤漆）龙骨 不上人型 面层规格 600mm×600mm 平面	100m²	0.01	1203.35	1466.39	14.19	383.87	12.06	14.70	0.14	3.85
AN0080	天棚吊顶 天棚基层 纸面石膏板 平面	100m²	0.01	835.70	1094.00	20.28	270.13	8.36	10.94	0.20	2.70
AP0206	木材、石膏面乳胶漆底漆一遍 面漆两遍	100m²	0.01	593.75	1150.37		187.04	5.94	11.50		1.87
人工单价		小　计						26.36	37.14	0.34	8.42
元/工日		未计价材料费									
清单项目综合单价								72.26			
材料费明细	主要材料名称、规格、型号					单位	数量	单价（元）	合价（元）	暂估单价（元）	暂估合价（元）
	装配式 T 型铝合金龙骨					m²	1.02245	10.00	10.22		
	加工铁件					kg	0.318	5.00	1.59		
	预埋铁件					kg	0.401	5.00	2.01		
	纸面石膏板 12mm 厚					m²	1.07	10.00	10.70		
	锯材 综合					m³	0.0002	1200.00	0.24		
	滑石粉					kg	0.021	0.35	0.01		
	乳胶漆底漆					kg	0.1426	20.00	2.85		
	乳胶漆面漆					kg	0.39	22.00	8.58		
	其他材料费							—	0.94	—	
	材料费小计							—	37.14	—	

注：1. 如不适用省级或行业建设主管部门发布的计价依据，可不填定额编号、名称等。

2. 招标文件提供了暂估单价的材料，按暂估的单价填入表内“暂估单价”栏及“暂估合价”栏。

表 5-5　　　　　　　　　　　　　综合单价分析表（3）

工程名称：13 规范清单计价（15 定额）增值税工程项目 1【建筑与装饰工程】　　　　标段：　　第 3 页　共 6 页

项目编码		(3) 011302001003		项目名称		吊顶天棚		计量单位	m²	工程量	67.56
清单综合单价组成明细											
定额编号	定额项目名称	定额单位	数量	单价				合价			
				人工费	材料费	机械费	管理费和利润	人工费	材料费	机械费	管理费和利润
AN0026	天棚吊顶 装配式 U 形轻钢龙骨 不上人型 面层规格 450mm×450mm 平面	100m²	0.01	1321.90	2185.07		416.40	13.22	21.85		4.16
AN0080	天棚吊顶 天棚基层 纸面石膏板 平面	100m²	0.01	835.70	1094.00	20.28	270.13	8.36	10.94	0.20	2.70
AN0092	天棚吊顶 天棚面层 铝塑板	100m²	0.01	1028.60	5770.80		324.01	10.29	57.71		3.24
人工单价		小　计						31.87	90.50	0.20	10.10
元/工日		未计价材料费									
清单项目综合单价								132.67			
材料费明细	主要材料名称、规格、型号					单位	数量	单价（元）	合价（元）	暂估单价（元）	暂估合价（元）
	装配式 U 型轻钢龙骨					m²	1.022	18.00	18.40		
	型钢 综合					kg	0.401	4.00	1.60		
	加工铁件					kg	0.2806	5.00	1.40		
	纸面石膏板 12mm 厚					m²	1.071	10.00	10.71		
	锯材 综合					m³	0.0002	1200.00	0.24		
	铝塑板 内墙					m²	1.0506	50.00	52.53		
	立得时胶					kg	0.3257	16.00	5.21		
	其他材料费							—	0.47	—	
	材料费小计							—	90.56	—	

注：1. 如不适用省级或行业建设主管部门发布的计价依据，可不填定额编号、名称等。

2. 招标文件提供了暂估单价的材料，按暂估的单价填入表内“暂估单价”栏及“暂估合价”栏。

表 5-6　　综合单价分析表（4）

工程名称：13 规范清单计价（15 定额）增值税工程项目 1【建筑与装饰工程】　　标段：　　第 4 页　共 6 页

<table>
<tr><td colspan="2">项目编码</td><td colspan="2">(4)
011302001004</td><td colspan="2">项目名称</td><td colspan="2">吊顶天棚</td><td>计量单位</td><td>m²</td><td>工程量</td><td>44.7</td></tr>
<tr><td colspan="12">清单综合单价组成明细</td></tr>
<tr><td rowspan="2">定额编号</td><td rowspan="2">定额项目名称</td><td rowspan="2">定额单位</td><td rowspan="2">数量</td><td colspan="4">单价</td><td colspan="4">合价</td></tr>
<tr><td>人工费</td><td>材料费</td><td>机械费</td><td>管理费和利润</td><td>人工费</td><td>材料费</td><td>机械费</td><td>管理费和利润</td></tr>
<tr><td>AN0019</td><td>天棚吊顶 天棚方木龙骨 单层龙骨 迭级造型</td><td>100m²</td><td>0.01</td><td>1927.10</td><td>4112.06</td><td>4.96</td><td>608.73</td><td>19.27</td><td>41.12</td><td>0.05</td><td>6.09</td></tr>
<tr><td>AN0107 换</td><td>天棚吊顶 塑料板面层 硬塑料板 [人×1.2]</td><td>100m²</td><td>0.011776</td><td>954.54</td><td>1989.60</td><td></td><td>250.57</td><td>11.24</td><td>23.43</td><td></td><td>2.95</td></tr>
<tr><td>AP0376</td><td>木材构件喷刷 防火涂料 天棚 方木 骨架 两遍</td><td>100m²</td><td>0.01</td><td>993.70</td><td>383.06</td><td></td><td>313.02</td><td>9.94</td><td>3.83</td><td></td><td>3.13</td></tr>
<tr><td colspan="3">人工单价</td><td colspan="5">小　计</td><td>40.45</td><td>68.38</td><td>0.05</td><td>12.17</td></tr>
<tr><td colspan="3">元/工日</td><td colspan="5">未计价材料费</td><td colspan="4"></td></tr>
<tr><td colspan="8">清单项目综合单价</td><td colspan="4">121.05</td></tr>
<tr><td rowspan="8">材料费明细</td><td colspan="5">主要材料名称、规格、型号</td><td>单位</td><td>数量</td><td>单价（元）</td><td>合价（元）</td><td>暂估单价（元）</td><td>暂估合价（元）</td></tr>
<tr><td colspan="5">锯材 综合</td><td>m³</td><td>0.033235</td><td>1200.00</td><td>39.88</td><td></td><td></td></tr>
<tr><td colspan="5">加工铁件</td><td>kg</td><td>0.271</td><td>5.00</td><td>1.36</td><td></td><td></td></tr>
<tr><td colspan="5">塑料扣板</td><td>m²</td><td>1.2356</td><td>15.00</td><td>18.53</td><td></td><td></td></tr>
<tr><td colspan="5">XY401 胶黏剂</td><td>kg</td><td>0.383</td><td>12.00</td><td>4.60</td><td></td><td></td></tr>
<tr><td colspan="5">防火涂料</td><td>kg</td><td>0.304</td><td>12.00</td><td>3.65</td><td></td><td></td></tr>
<tr><td colspan="7">其他材料费</td><td>—</td><td>0.36</td><td>—</td><td></td></tr>
<tr><td colspan="7">材料费小计</td><td>—</td><td>68.38</td><td>—</td><td></td></tr>
</table>

注：1. 如不适用省级或行业建设主管部门发布的计价依据，可不填定额编号、名称等。

2. 招标文件提供了暂估单价的材料，按暂估的单价填入表内“暂估单价”栏及“暂估合价”栏。

表 5-7　　　　综合单价分析表（5）

工程名称：13 规范清单计价（15 定额）增值税工程项目 1【建筑与装饰工程】　　标段：　　第 5 页　共 6 页

<table>
<tr><td colspan="2">项目编码</td><td>(5) 011303001005</td><td>项目名称</td><td colspan="2">采光天棚</td><td>计量单位</td><td>m^2</td><td>工程量</td><td>172.66</td></tr>
<tr><td colspan="12">清单综合单价组成明细</td></tr>
<tr><td rowspan="2">定额编号</td><td rowspan="2">定额项目名称</td><td rowspan="2">定额单位</td><td rowspan="2">数量</td><td colspan="4">单价</td><td colspan="4">合价</td></tr>
<tr><td>人工费</td><td>材料费</td><td>机械费</td><td>管理费和利润</td><td>人工费</td><td>材料费</td><td>机械费</td><td>管理费和利润</td></tr>
<tr><td>AN0142</td><td>钢化玻璃采光天棚 钢结构</td><td>$100m^2$</td><td>0.01</td><td>4856.65</td><td>9822.78</td><td></td><td>2039.79</td><td>48.57</td><td>98.23</td><td></td><td>20.40</td></tr>
<tr><td></td><td></td><td></td><td></td><td></td><td></td><td></td><td></td><td></td><td></td><td></td><td></td></tr>
<tr><td colspan="2">人工单价</td><td colspan="6">小　　计</td><td>48.57</td><td>98.23</td><td></td><td>20.40</td></tr>
<tr><td colspan="2">元/工日</td><td colspan="6">未计价材料费</td><td colspan="4"></td></tr>
<tr><td colspan="8">清单项目综合单价</td><td colspan="4">167.20</td></tr>
<tr><td rowspan="8">材料费明细</td><td colspan="5">主要材料名称、规格、型号</td><td>单位</td><td>数量</td><td>单价（元）</td><td>合价（元）</td><td>暂估单价（元）</td><td>暂估合价（元）</td></tr>
<tr><td colspan="5">钢化玻璃 10mm</td><td>m^2</td><td>1.092</td><td>80.00</td><td>87.36</td><td></td><td></td></tr>
<tr><td colspan="5">锯材 综合</td><td>m^3</td><td>0.0002</td><td>1200.00</td><td>0.24</td><td></td><td></td></tr>
<tr><td colspan="5">调和漆 白酯胶调和漆</td><td>kg</td><td>0.1326</td><td>12.00</td><td>1.59</td><td></td><td></td></tr>
<tr><td colspan="5">玻璃胶</td><td>支</td><td>0.204</td><td>14.00</td><td>2.86</td><td></td><td></td></tr>
<tr><td colspan="5">建筑油膏</td><td>kg</td><td>0.9</td><td>1.80</td><td>1.62</td><td></td><td></td></tr>
<tr><td colspan="7">其他材料费</td><td>—</td><td>4.56</td><td>—</td><td></td></tr>
<tr><td colspan="7">材料费小计</td><td>—</td><td>98.23</td><td>—</td><td></td></tr>
</table>

注：1. 如不适用省级或行业建设主管部门发布的计价依据，可不填定额编号、名称等。

2. 招标文件提供了暂估单价的材料，按暂估的单价填入表内“暂估单价”栏及“暂估合价”栏。

表 5-8 **综合单价分析表（6）**

工程名称：13 规范清单计价（15 定额）增值税工程项目 1【建筑与装饰工程】 标段： 第 6 页 共 6 页

<table>
<tr><td colspan="2">项目编码</td><td colspan="2">(6)
011304002006</td><td colspan="2">项目名称</td><td colspan="2">回风口</td><td>计量单位</td><td>个</td><td>工程量</td><td>4</td></tr>
<tr><td colspan="12">清单综合单价组成明细</td></tr>
<tr><td rowspan="2">定额编号</td><td rowspan="2">定额项目名称</td><td rowspan="2">定额单位</td><td rowspan="2">数量</td><td colspan="4">单价</td><td colspan="4">合价</td></tr>
<tr><td>人工费</td><td>材料费</td><td>机械费</td><td>管理费和利润</td><td>人工费</td><td>材料费</td><td>机械费</td><td>管理费和利润</td></tr>
<tr><td>AN0150</td><td>回风口 铝合金</td><td>10 个</td><td>0.1</td><td>136.40</td><td>312.14</td><td></td><td>57.29</td><td>13.64</td><td>31.21</td><td></td><td>5.73</td></tr>
<tr><td></td><td></td><td></td><td></td><td></td><td></td><td></td><td></td><td></td><td></td><td></td><td></td></tr>
<tr><td colspan="2">人工单价</td><td colspan="6">小　计</td><td>13.64</td><td>31.21</td><td></td><td>5.73</td></tr>
<tr><td colspan="2">元/工日</td><td colspan="6">未计价材料费</td><td colspan="4"></td></tr>
<tr><td colspan="8">清单项目综合单价</td><td colspan="4">50.58</td></tr>
<tr><td rowspan="5">材料费明细</td><td colspan="5">主要材料名称、规格、型号</td><td>单位</td><td>数量</td><td>单价（元）</td><td>合价（元）</td><td>暂估单价（元）</td><td>暂估合价（元）</td></tr>
<tr><td colspan="5">铝合金风口 300×300</td><td>个</td><td>1.01</td><td>30.00</td><td>30.30</td><td></td><td></td></tr>
<tr><td colspan="5">锦纶过滤网</td><td>m^2</td><td>0.09</td><td>8.00</td><td>0.72</td><td></td><td></td></tr>
<tr><td colspan="7">其他材料费</td><td>—</td><td>0.19</td><td>—</td><td></td></tr>
<tr><td colspan="7">材料费小计</td><td>—</td><td>31.21</td><td>—</td><td></td></tr>
</table>

注：1. 如不适用省级或行业建设主管部门发布的计价依据，可不填定额编号、名称等。
2. 招标文件提供了暂估单价的材料，按暂估的单价填入表内“暂估单价”栏及“暂估合价”栏。

项目六　墙、柱面装饰工程的计量与计价

6.1　教学实施方案

墙面作为室内空间的临界面，是人眼的正视面；墙面的色彩、图案、材料质感所产生的装饰效果和室内空间的气氛一目了然。所以墙面装饰除了保证它的使用功能，如坚固、防潮、隔声、吸音、保温、隔热，对结构层有保护作用外，还应体现艺术性、美的原理，突出主人的个性，达到特定的意境。不同区域空间的墙面，因使用目的不同，所选用的材料不同，达到的装饰效果也不同。要达到最佳装饰效果，除了合理选用装饰材料外，装饰施工（也称施工工艺）也很重要；有好的材料，没有先进的施工工艺，有好的施工，没有配套材料，都很难达到预期的装饰效果。

墙、柱面装饰常用材料有：木质装饰类、塑料类、贴面类、裱糊类、刷涂类等。其施工方法有：粘贴法、钉固法、镶嵌法、刷涂法等，但如何预算装修费用，选取不同的面层材料来装饰会影响材料的用量吗？如何来计算这些材料用量？这些问题关系到装修成本。

学习目标

了解墙、柱面工程的结构层次及工程做法；

熟悉相关定额及清单规范；

掌握墙、柱工程量计算的方法。

教学手段与方法

直观演示法、案例法、讲授法、示范法。

6.2　项目相关知识

6.2.1　前期准备

《GB 50500—2013 建设工程工程量清单计价规范》；

《GB 50854—2013 房屋建筑与装饰工程工程量计算规范》；

2015 年《四川省建设工程工程量清单计价定额》。

6.2.2　识读装饰施工图

如图 6-1 所示，内墙面抹水泥砂浆，底层为 1∶3 水泥砂浆打底，面层为 1∶2.5 水泥砂浆抹面。满刮腻子三遍，象牙白乳胶漆，底漆两遍，面漆三遍，层高 3.9m。

M0727：1000mm×2700mm，共 3 个，C1518：1500mm×1800mm，共 4 个。

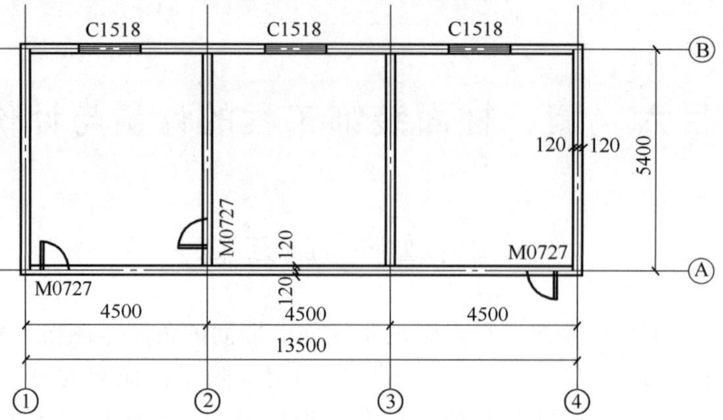

图 6-1　底层平面图

如图 6-2 所示，外墙干挂 10mm 厚花岗石板，门窗尺寸分别为：

M-1：900mm × 2000mm；M-2：1200mm × 2000mm；M-3：1000mm × 2000mm；C-1：1500mm×1500mm；C-2：1800mm×1500mm。C-3：3000mm×1500mm；窗台装饰本次不考虑。

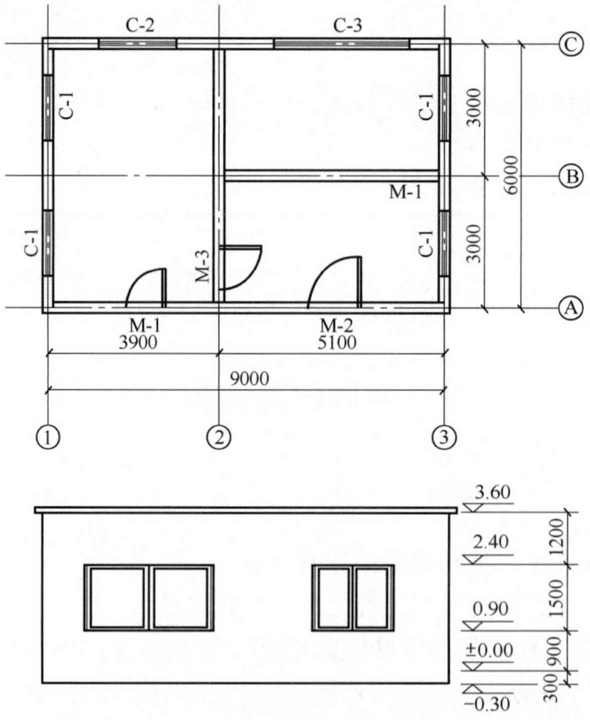

注：门尺寸 1000mm×2100mm

图 6-2　块料外墙

图 6-3 和图 6-4 分别为块料内墙面和玻璃幕墙。

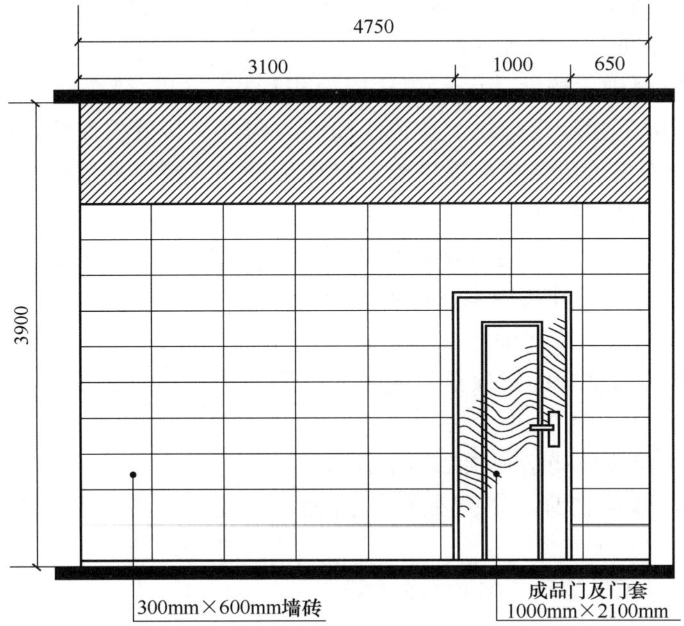

图 6-3　块料内墙面

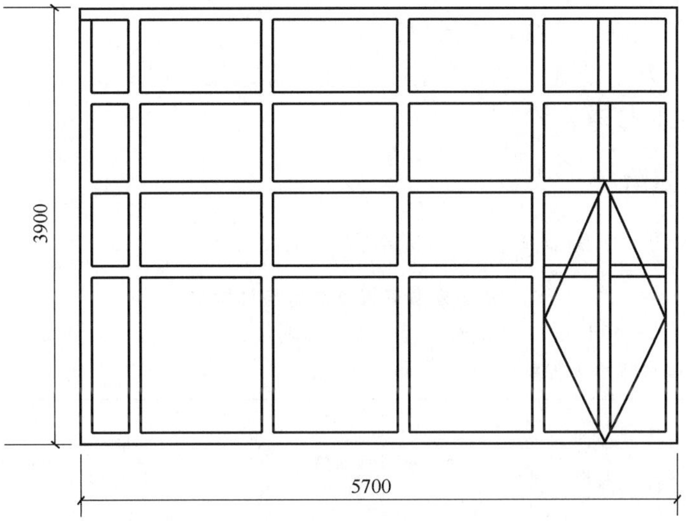

图 6-4　玻璃幕墙

6.3　编制工程量清单

6.3.1　前期准备

(1) 墙面一般抹灰（项目编码：011201001）

① 单位：m^2。

② 项目特征：墙体类型；底层厚度、砂浆配合比；面层厚度、砂浆配合比；装饰面材料种类；分格缝宽度、材料种类。

③ 工程量计算规则：按设计图示尺寸以面积计算。扣除墙裙、门窗洞口及单个大于 0.3m^2 的孔洞面积，不扣除踢脚线、挂镜线和墙与构件交接处的面积，门窗洞口和孔洞的侧壁及顶面不增加面积。附墙柱、梁、垛、烟囱侧壁并入相应的墙面面积内。飘窗凸出外墙面增加的抹灰并入外墙抹灰工程量内。

a. 外墙抹灰面积按外墙垂直投影面积计算；外墙裙抹灰面积按其长度乘以高度计算。

b. 外墙裙抹灰面积按其长度乘以高度计算。

c. 内墙抹灰面积按主墙间的净长乘以高度计算。无墙裙的高度按室内楼地面至天棚底面计算；有墙裙的高度按墙裙顶至天棚底面计算。但有吊顶天棚抹灰高度算至天棚底，抹至吊顶以上部分在综合单价中考虑。

d. 内墙裙抹灰面按内墙净长乘以高度计算。

④ 工作内容：基层清理；砂浆制作、运输；底层抹灰；抹面层；抹装饰面；勾分格缝。

（2）石材墙面（项目编码：011204001）

① 单位：m^2。

② 项目特征：墙体类型；安装方式；面层材料品种、规格、颜色、缝宽、嵌缝材料种类；防护材料种类；磨光、酸洗、打蜡要求。

③ 工程量计算规则：按镶贴表面积计算。

④ 工作内容：基层清理；砂浆制作、运输；黏结层铺贴；面层安装；嵌缝；刷防护材料；磨光、酸洗、打蜡。

6.3.2 编制招标清单

依据图 6-1 和图 6-2 编制工程量招标清单，见表 6-1。

表 6-1　　分部分项工程量清单与计价表

工程名称：13 规范清单计价（15 定额）增值税工程项目【建筑与装饰工程】　　标段：　　第 1 页　共 1 页

序号	项目编码	项目名称	项目特征描述	计量单位	工程量	金额（元）		
						综合单价	合价	其中 暂估价
1	011201001001	内墙面一般抹灰	1. 墙体类型：综合； 2. 基层处理：满足设计要求； 3. 底层为 14mm 厚 1∶3 水泥砂浆； 4. 面层为 6mm 厚 1∶2.5 水泥砂浆抹面罩面压光； 5. 装饰面材料种类：另计； 6. 分格缝宽度、材料种类：满足设计及规范要求	m^2	170.11			

续表

序号	项目编码	项目名称	项目特征描述	计量单位	工程量	金额（元）		
						综合单价	合价	其中
								暂估价
2	011406001001	腻子基层象牙白乳胶漆墙面	1. 腻子种类：石膏粉腻子、成品腻子粉、成品腻子膏； 2. 刮腻子要求：清理基层，修补，砂纸打磨；满刮腻子三遍； 3. 油漆品种、刷漆遍数：象牙白乳胶漆，底漆两遍，面漆三遍； 4. 未尽事宜满足设计及规范要求	m^2	170.11			
3	011204001001	干挂花岗石外墙面	1. 找平层材料种类、厚度：1∶3 水泥砂浆 20mm 厚； 2. 结合层厚度、砂浆配合比：20mm 厚 1∶2 干硬性水泥砂浆； 3. 面层材料品种、规格：挂贴 10mm 厚大理石板高 1200mm； 4. 嵌缝材料种类：白水泥浆	m^2	101.84			
4	011204003001	300mm×600mm 块料内墙面	1. 结合层砂浆种类、厚度：水泥砂浆，8mm 厚； 2. 面层材料种类、规格、颜色：300mm×600mm 块料墙面； 3. 白水泥勾缝； 4. 部位：厕所墙面； 5. 未尽事宜满足设计及规范要求	m^2	11.77			
5	011209001001	带骨架玻璃幕墙	1. 骨架材料种类、规格、中距：165 系列的铝型材、断面、规格、间距详见设计图； 2. 面层材料品种、规格、颜色：1400mm×1000mm 镀膜中空玻璃 15mm 厚； 3. 面层固定方式：不锈钢螺栓和不锈钢连接件固定骨架，玻璃用双组分结构胶固定； 4. 嵌缝、塞口材料种类：与墙的竖向封边用 1.5mm 厚的角铝和 1.6mm 厚的铝板、与板的水平隔离做法及材料详见设计图。玻璃接缝处和幕墙与墙的封边处打耐候胶	m^2	22.23			
本页小计								
合　计								

注：为计取规费等的使用，可在表中增设“其中：定额人工费”。

6.3.3　清单工程量计算

图 6-1 中，内墙面一般抹灰清单工程量计算如下：

内墙面一般抹灰工程量＝墙面投影面积＋附墙柱垛侧面积－门窗洞口面积

＝[(4.50×3－0.24－0.24)×2＋(5.40－0.24)×4＋0.12×4]×(3.90－0.10)(内墙高，层高3.9减去板厚0.1)－1.00×2.70×3(M1027)－1.50×1.80×4(C1518)＝170.11 (m^2)

腻子基层象牙白乳胶漆墙面计算方法同上＝170.11 (m^2)

图 6-2 中，外墙干挂花岗石墙面清单工程量计算如下：

=[(3.9+5.1+0.24+3+3+0.24)×2]×(3.6+0.3)−0.9×2−1.2×2−1.5×1.5×4−1.8×1.5−3×1.5=101.84 (m^2)

图 6-3 中，块料墙面清单工程量计算如下：

4.75×2.92−1×2.1=11.77 (m^2)

图 6-4 中，带骨架玻璃幕墙清单工程量计算如下：

5.7×3.9=22.23 (m^2)

6.4 工程量清单计价

6.4.1 前期准备

(1) 一般说明

本章定额柱、梁的抹灰、粘贴块料及饰面等适用于不与墙或天棚相连的独立柱、梁。

(2) 抹灰

① 本章设计砂浆种类、厚度与定额不同时，允许材料耗量按比例调整，人工工日不变。

② 墙、柱面设计抹灰厚度与定额不同时，按相应立面砂浆找平层每增减一遍的项目调整。

③ 门窗洞口和空圈侧壁、顶面抹灰已包括在定额内，不再单独计算。

④ 圆弧形、锯齿形、不规则形墙柱面抹灰，按相应项目人工乘以系数 1.15。

(3) 镶贴块料

① 干挂大理石（花岗石）项目中的不锈钢连接件与设计不同时，可以调整。

② 设计面砖用量与定额不同时，可以调整。

6.4.2 清单计价

依据图 6-1 至图 6-4 进行工程量清单计价，见表 6-2。

表 6-2　　分部分项工程和单价措施项目清单与计价表

工程名称：13 规范清单计价（15 定额）增值税工程项目【建筑与装饰工程】　　标段：

序号	项目编码	项目名称	项目特征	计量单位	工程量	金额(元)	
						综合单价	合价
1	011201001001	墙面一般抹灰	1. 墙体类型:综合; 2. 基层处理:满足设计要求; 3. 底层砂浆配合比:1∶3 水泥砂浆; 4. 面层砂浆配合比:1∶2 水泥砂浆罩面压光; 5. 装饰面材料种类:另计; 6. 分格缝宽度、材料种类:满足设计及规范要求	m^2	170.11	24.89	4234.04

续表

序号	项目编码	项目名称	项目特征	计量单位	工程量	金额(元)	
						综合单价	合价
1	AM0009	墙面一般抹灰 水泥砂浆 中砂 普通		100m²	1.70	2488.71	4230.81
2	011406001001	腻子基层象牙白乳胶漆墙面	1. 腻子种类：石膏粉腻子、成品腻子粉、成品腻子膏； 2. 刮腻子要求：清理基层，修补，砂纸打磨；满刮腻子三遍； 3. 油漆品种、刷漆遍数：象牙白乳胶漆，底漆两遍，面漆三遍； 4. 未尽事宜满足设计及规范要求	m²	170.11	54.71	9306.72
	AP0324	抹灰面刮腻子一遍		100m²	1.70	1167.05	1983.99
	AP0325 换	抹灰面 腻子胶刮腻子增加一遍[单价×2，综合费×2]		100m²	1.70	746.78	1269.53
	AP0296 换	内墙及天棚抹灰面 乳胶漆底漆一遍面漆两遍[单价×2，综合费×2]		100m²	1.70	4345.78	7387.83
	AP0297 换	内墙及天棚抹灰面 乳胶漆面漆增加一遍[单价×(−1)，综合费×(−1)]		100m²	1.70	−788.31	−1340.13
3	011204001001	干挂花岗石外墙面	1. 墙体类型：砖墙； 2. 挂贴方式：₵6.5mm 双向钢筋网挂石材； 3. 面层材料品种、规格、品牌、颜色：600mm×600mm 花岗石； 4. 缝宽、嵌缝材料种类：缝宽 5mm、白水泥勾缝； 5. 磨光、酸洗、打蜡要求：表面擦净、抛光	m²	101.84	254.04	25871.43
	AM0274	石材墙面 钢骨架上干挂石材		100m²	1.02	25403.65	25911.72

续表

序号	项目编码	项目名称	项目特征	计量单位	工程量	金额（元）	
						综合单价	合价
4	011204003001	300mm×600mm块料墙面	1. 结合层砂浆种类、厚度：水泥砂浆，8mm厚； 2. 面层材料种类、规格、颜色：300mm×600mm块料墙面； 3. 白水泥勾缝； 4. 部位：厕所墙面； 5. 未尽事宜满足设计及规范要求	m^2	11.77	148.20	1744.31
	AM0285换	块料墙面，内墙面砖，砂浆粘贴≤600mm×600mm中砂		$100m^2$	0.12	14819.97	1778.40
5	011209001001	带骨架幕墙	1. 骨架材料种类、规格、中距； 2. 面层材料品种、规格、颜色； 3. 面层固定方式； 4. 隔离带、框边封闭材料品种、规格； 5. 嵌缝、塞口材料种类	m^2	22.23	387.82	8621.24
	AM0562	带骨架幕墙明框幕墙玻璃分格1830mm×1250mm 150系列		$100m^2$	0.22	38781.80	8532.00
合计							99531.89

注：1. 分部分项工程量清单与计价表中不是需要出现具体的计价定额，此处打印出定额仅是为了读者理解使用清单计价定额组合分项工程项目综合单价，才出现定额。

2. 根据四川省人工费调整方法，定额人工费调增32.18%。

3. 定额中的材料费调整为四川省2018年9月份材料信息价（不含进项增值税）。

6.4.3 定额工程量计算

（1）墙柱面抹灰

本项目抹灰工程量均按设计结构尺寸（有保温隔热、防潮层者，按其外表面尺寸）计算。扣除墙裙、门窗洞口及单个孔洞大于0.3m^2的面积，不扣除踢脚线、挂镜线和墙与构件交接处的面积，单个孔洞小于等于0.3m^2的侧壁及顶面不增加面积。附墙、柱、梁、垛、烟囱侧壁并入相应的墙面面积内。

（2）镶贴块料

① 镶贴块料面层按设计图示尺寸以镶贴表面积计算，扣除门窗洞口及单个面积大于0.3m^2的孔洞所占的面积。

② 柱墩、柱帽以“个”计算。

③ 干挂石材钢龙骨架按设计图示尺寸以质量计算。

（3）幕墙

① 幕墙按设计图示框外围尺寸以面积计算，与幕同种材质的窗所占面积不扣除。

② 幕墙与建筑顶端、两端的封边按图示尺寸以平方米计算，自然层的水平隔离与建筑物的连接按延长米计算。

③ 全玻幕墙按设计图示尺寸以面积计算。如有加强肋者，按平面展开面积并入幕墙工程量面积计算。

(4) 定额工程量计算

2015 年《四川省建设工程工程量清单计价定额》M 墙、柱面装饰与隔断、幕墙工程章节的定额工程量计算规则与《GB 50854—2013 房屋建筑与装饰工程工程量计算规范》附录 M 墙、柱面装饰与隔断、幕墙工程清单工程量计算完全一致，此处不再重复。

6.4.4　综合单价分析表

综合单价分析表见表 6-3 至表 6-7。

表 6-3　　**综合单价分析表 (1)**

工程名称：　13 规范清单计价（15 定额）增值税工程项目【建筑与装饰工程】　　标段：　　第 1 页　共 5 页

项目编码		(1) 011201001001		项目名称		墙面一般抹灰		计量单位	m^2	工程量	170.11
清单综合单价组成明细											
定额编号	定额项目名称	定额单位	数量	单价				合价			
				人工费	材料费	机械费	管理费和利润	人工费	材料费	机械费	管理费和利润
AM0009	墙面一般抹灰 水泥砂浆 中砂 普通	$100m^2$	0.01	1486.03	769.55	7.27	225.86	14.86	7.70	0.07	2.26
人工单价		小　计						14.86	7.70	0.07	2.26
元/工日		未计价材料费									
清单项目综合单价								24.89			
材料费明细	主要材料名称、规格、型号					单位	数量	单价（元）	合价（元）	暂估单价（元）	暂估合价（元）
	水泥砂浆(中砂) 1∶3					m^3	0.01579	330.12	5.21		
	水泥砂浆(中砂) 1∶2.5					m^3	0.0066	361.80	2.39		
	水泥 32.5					kg	[10.47]	0.36	(3.77)		
	中砂					m^3	[0.0255]	150.00	(3.83)		
	水					m^3	0.015	3.30	0.05		
	其他材料费							—	0.05	—	
	材料费小计							—	7.70	—	

注：1. 如不适用省级或行业建设主管部门发布的计价依据，可不填定额编号、名称等。

2. 招标文件提供了暂估单价的材料，按暂估的单价填入表内“暂估单价”栏及“暂估合价”栏。

表 6-4　　　　　　　　　　　综合单价分析表（2）

工程名称：13 规范清单计价（15 定额）增值税工程项目【建筑与装饰工程】　　　　标段：　　　　第 2 页　共 5 页

项目编码		(2) 011406001001		项目名称		腻子基层象牙白乳胶漆墙面		计量单位	m^2	工程量	170.11
清单综合单价组成明细											
定额编号	定额项目名称	定额单位	数量	单价				合价			
				人工费	材料费	机械费	管理费和利润	人工费	材料费	机械费	管理费和利润
AP0324	抹灰面，刮腻子，一遍	$100m^2$	0.01	897.83	55.25		213.97	8.98	0.55		2.14
AP0325 换	抹灰面，腻子胶刮腻子增加一遍[单价×2，综合费×2]	$100m^2$	0.01	547.49	68.81		130.48	5.47	0.69		1.30
AP0296 换	内墙及天棚抹灰面，乳胶漆底漆一遍，面漆两遍[单价×2，综合费×2]	$100m^2$	0.01	1569.64	2402.06		374.08	15.70	24.02		3.74
AP0297 换	内墙及天棚抹灰面，乳胶漆面漆增加一遍[单价×(−1)，综合费×(−1)]	$100m^2$	0.01	−281.28			−67.03	−2.81			−0.67
人工单价		小　计						27.34	25.26		6.51
元/工日		未计价材料费									
清单项目综合单价								59.11			
材料费明细	主要材料名称、规格、型号					单位	数量	单价（元）	合价（元）	暂估单价（元）	暂估合价（元）
	滑石粉					kg	0.49	0.60	0.29		
	腻子胶					kg	0.15	4.00	0.60		
	大白粉					kg	0.015	2.00	0.03		
	白水泥					kg	0.25	0.57	0.14		
	乳胶漆底漆					kg	0.2712	23.00	6.24		
	乳胶漆面漆					kg	0.53	25.00	13.25		
	其他材料费							—	0.31	—	
	材料费小计							—	20.86	—	

注：1. 如不适用省级或行业建设主管部门发布的计价依据，可不填定额编号、名称等。

2. 招标文件提供了暂估单价的材料，按暂估的单价填入表内“暂估单价”栏及“暂估合价”栏。

表 6-5　　综合单价分析表（3）

工程名称：13 规范清单计价（15 定额）增值税工程项目【建筑与装饰工程】　　标段：　　第 3 页　共 5 页

项目编码		(3) 011204001001		项目名称	干挂花岗石外墙面	计量单位	m²	工程量	101.84
清单综合单价组成明细									
定额编号	定额项目名称	定额单位	数量	单价				合价	
				人工费	材料费	机械费	管理费和利润	人工费	材料费	机械费	管理费和利润
AM0274	石材墙面 钢骨架上干挂 石材	100m²	0.01	8406.28	14876.22	19.95	2101.20	84.06	148.76	0.20	21.01
人工单价		小　计						84.06	148.76	0.20	21.01
元/工日		未计价材料费									
清单项目综合单价								254.03			
材料费明细	主要材料名称、规格、型号				单位	数量		单价（元）	合价（元）	暂估单价（元）	暂估合价（元）
	花岗石板 厚 20mm				m²	1.0216		100.00	102.16		
	不锈钢连接件 石材挂件				套	4.006		5.00	20.03		
	结构胶				kg	0.3606		28.00	10.10		
	耐候胶 304mL/支				支	0.9014		18.00	16.23		
	水				m³	0.014		3.30	0.05		
	其他材料费							—	0.19	—	
	材料费小计							—	148.76	—	

注：1. 如不适用省级或行业建设主管部门发布的计价依据，可不填定额编号、名称等。
2. 招标文件提供了暂估单价的材料，按暂估的单价填入表内“暂估单价”栏及“暂估合价”栏。

表 6-6 **综合单价分析表（4）**

工程名称：13 规范清单计价（15 定额）增值税工程项目【建筑与装饰工程】 标段： 第 4 页 共 5 页

项目编码		(4) 011204003001		项目名称		300mm×600mm 块料墙面		计量单位	m²	工程量	11.77
清单综合单价组成明细											
定额编号	定额项目名称	定额单位	数量	单价				合价			
				人工费	材料费	机械费	管理费和利润	人工费	材料费	机械费	管理费和利润
AM0285 换	块料墙面 内墙面砖 砂浆粘贴 ≤600mm×600mm 中砂	100m²	0.01	4006.57	9787.20	53.30	972.90	40.07	97.87	0.53	9.73
人工单价		小计						40.07	97.87	0.53	9.73
元/工日		未计价材料费									
清单项目综合单价								148.20			
材料费明细	主要材料名称、规格、型号					单位	数量	单价（元）	合价（元）	暂估单价（元）	暂估合价（元）
	面砖 300mm×600mm					m²	1.06	90.00	95.40		
	水泥砂浆(中砂) 1∶2					m³	0.0052	372.00	1.93		
	水泥砂浆(中砂) 1∶3					m³	0.006831	330.12	2.26		
	白水泥					kg	0.15	0.57	0.09		
	水泥 32.5					kg	[6.14]	0.36	(2.21)		
	中砂					m³	[0.0132]	150.00	(1.98)		
	水					m³	0.004	3.30	0.01		
	其他材料费							—		—	
	材料费小计							—	99.69	—	

注：1. 如不适用省级或行业建设主管部门发布的计价依据，可不填定额编号、名称等。

2. 招标文件提供了暂估单价的材料，按暂估的单价填入表内“暂估单价”栏及“暂估合价”栏。

表 6-7　　　　　　　　　　　　综合单价分析表（5）

工程名称：　13 规范清单计价（15 定额）增值税工程项目【建筑与装饰工程】　　　　标段：　　　第 5 页　共 5 页

项目编码		(5) 011209001001		项目名称		带骨架幕墙		计量单位	m²	工程量	22.23
清单综合单价组成明细											
定额编号	定额项目名称	定额单位	数量	单价				合价			
				人工费	材料费	机械费	管理费和利润	人工费	材料费	机械费	管理费和利润
AM0562	带骨架幕墙 明框幕墙 玻璃分格 1830mm×1250mm 150 系列	100m²	0.01	6984.31	29498.00	417.60	1881.89	69.84	294.98	4.18	18.82
人工单价		小　计						69.84	294.98	4.18	18.82
元/工日		未计价材料费									
清单项目综合单价								387.82			
材料费明细	主要材料名称、规格、型号					单位	数量	单价（元）	合价（元）	暂估单价（元）	暂估合价（元）
	铝型材					kg	7.7193	20.00	154.39		
	镀膜玻璃 5mm					m²	1.1876	80.00	95.01		
	不锈钢螺栓					套	0.7126	5.00	3.56		
	型钢 综合					kg	1.98	3.79	7.50		
	耐候胶 304mL/支					支	0.9006	18.00	16.21		
	密封胶条					m	2.97	0.30	0.89		
	其他材料费							—	17.42	—	
	材料费小计							—	294.98	—	

注：1. 如不适用省级或行业建设主管部门发布的计价依据，可不填定额编号、名称等。

2. 招标文件提供了暂估单价的材料，按暂估的单价填入表内“暂估单价”栏及“暂估合价”栏。

项目七　门窗装饰工程的计量与计价

7.1　教学实施方案

门和窗是房屋建筑工程中的两个围护配件，门是作为人们进出建筑物的通道，窗是室内采光通风的主要洞口。在现代建筑物中，门和窗作为建筑艺术造型的重要组成部分，其设置不仅较为显著地影响建筑物的形象特征，而且对建筑物的采光、通风、保温、节能和安全等方面具有重要意义。门窗的种类和材质非常多，我们如何统一计量、计价显得尤为重要，本章将解析门窗工程量的计算规则。

学习目标

了解门窗工程的结构层次及工程做法；
熟悉相关定额及清单规范；
掌握门窗工程量计算的方法。

教学手段与方法

案例法、讲授法、课堂教学法。

7.2　项目相关知识

7.2.1　前期准备

《GB 50500—2013 建设工程工程量清单计价规范》；
《GB 50854—2013 房屋建筑与装饰工程工程量计算规范》；
2015 年《四川省建设工程工程量清单计价定额》。

7.2.2　识读装饰施工图

详见图 7-1 至图 7-9。

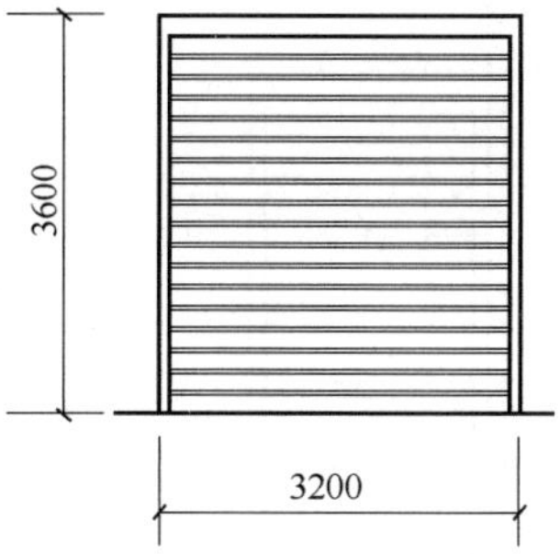

图 7-1　某卷闸门示意图

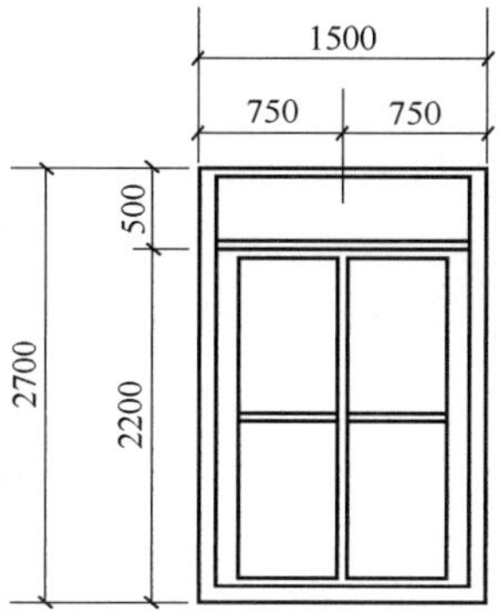

图 7-2　某木质门示意图

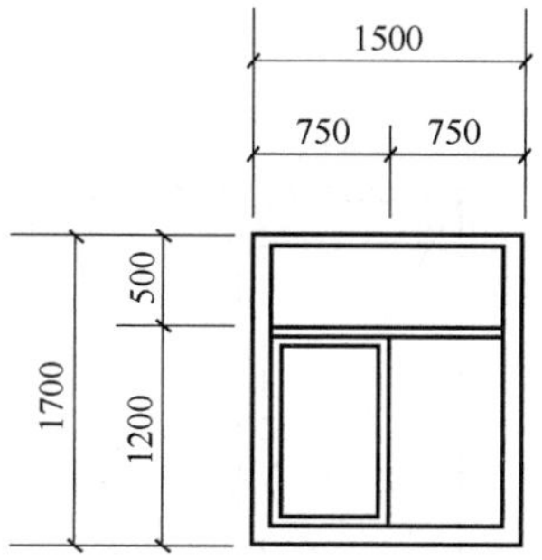

图 7-3　某塑钢窗示意图

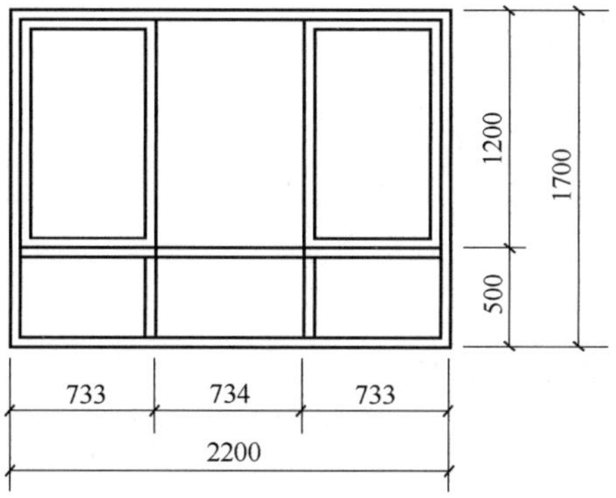

图 7-4　某木质窗示意图

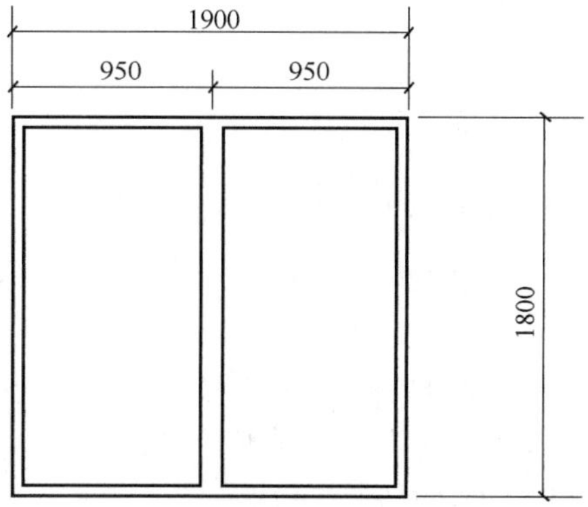

图 7-5　某断桥铝合金窗示意图

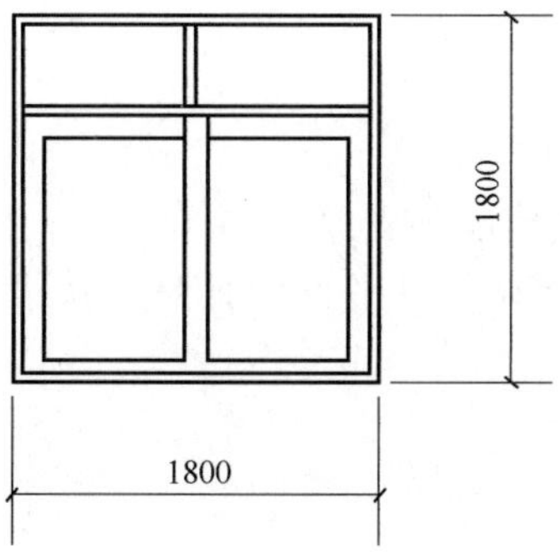

图 7-6　某铝合金窗示意图

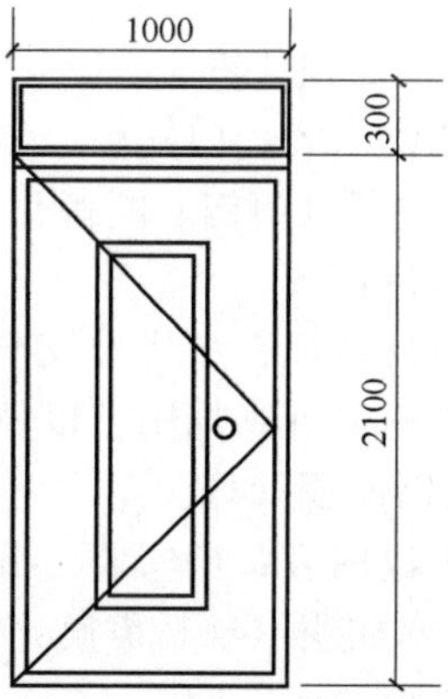

图 7-7　某成品装饰门示意图

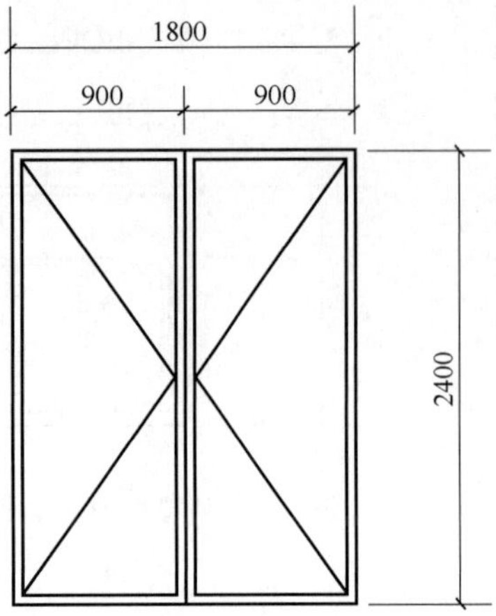

图 7-8　某防火门示意图

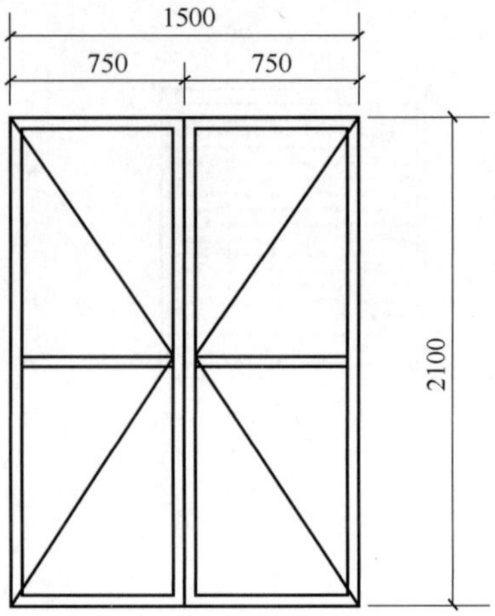

图 7-9　某自动玻璃隔断门示意图

7.3　编制工程量清单

7.3.1　前期准备

（1）金属卷帘（闸）门（项目编码：010803001）

① 单位：m^2。

② 项目特征：门代号及洞口尺寸，门材质，启动装置品种、规格。

③ 工程量计算规则：以樘计量，按设计图示数量计算；以平方米计量，按设计图示洞口尺寸以面积计算。

④ 工作内容：门运输、安装，启动装置、活动小门、五金安装。

（2）木质门（项目编码：010801001）

① 单位：m^2。

② 项目特征：门代号及洞口尺寸，镶嵌玻璃品种、厚度。

③ 工程量计算规则：以樘计量，按设计图示数量计算；以平方米计量，按设计图示洞口尺寸以面积计算。

④ 工作内容：门安装，玻璃安装，五金安装。

（3）金属（塑钢、断桥）窗（项目编码：010807001）

① 单位：m^2。

② 项目特征：窗代号及洞口尺寸，框、扇材质，玻璃品种、厚度。

③ 工程量计算规则：以樘计量，按设计图示数量计算；以平方米计量，按设计图示洞口尺寸以面积计算。

④ 工作内容：窗安装，五金、玻璃安装。

（4）木质窗（项目编码：010806001）

① 单位：m^2。

② 项目特征：窗代号及洞口尺寸，玻璃品种、厚度。

③ 工程量计算规则：以樘计量，按设计图示数量计算；以平方米计量，按设计图示

洞口尺寸以面积计算。

④ 工作内容：窗安装，五金、玻璃安装。

（5）木质门带套（项目编码：010801002）

① 单位：m^2。

② 项目特征：门代号及洞口尺寸，镶嵌玻璃品种、厚度。

③ 工程量计算规则：以樘计量，按设计图示数量计算；以平方米计量，按设计图示洞口尺寸以面积计算。

④ 工作内容：门安装，玻璃安装，五金安装。

（6）钢质防火门（项目编码：010802003）

① 单位：m^2。

② 项目特征：门代号及洞口尺寸，门框或扇外围尺寸，门框、扇材质。

③ 工程量计算规则：以樘计量，按设计图示数量计算；以平方米计量，按设计图示洞口尺寸以面积计算。

④ 工作内容：门安装，五金、玻璃安装。

（7）全玻自由门（项目编码：010805005）

① 单位：m^2。

② 项目特征：门代号及洞口尺寸，门框或扇外围尺寸，框材质，玻璃品种、厚度。

③ 工程量计算规则：以樘计量，按设计图示数量计算；以平方米计量，按设计图示洞口尺寸以面积计算。

④ 工作内容：门安装，五金安装。

7.3.2　编制招标清单

依据图 7-1 至图 7-9 编制工程量招标清单，见表 7-1。

表 7-1　　分部分项工程量清单与计价表

工程名称：　13 规范清单计价（15 定额）增值税工程项目【建筑与装饰工程】　　标段：　　第 1 页　共 1 页

序号	项目编码	项目名称	项目特征描述	计量单位	工程量	金额(元)		
						综合单价	合价	其中 暂估价
1	010803001001	金属卷帘(闸)门	1. 门材质:铝合金 1.2mm 厚； 2. 外围尺寸:3200mm×4200mm； 3. 五金材料:电子防盗锁、传感器； 4. 启动方式:电动	m^2	13.44			
2	010801001002	木质门	1. 门类型:全板镶板木门 M1527； 2. 框截面尺寸、骨架材料种类、面层材料品种:详西南 04J611 第 29 页 Xa-1527； 3. 五金材料:普通合页、弓背拉手、插销； 4. 防护材料种类:框外侧刷稀柏油两遍； 5. 油漆品种、刷漆遍数:刮桐油灰腻子两遍,调和漆两遍	m^2	4.05			

续表

序号	项目编码	项目名称	项目特征描述	计量单位	工程量	金额(元)		
						综合单价	合价	其中
								暂估价
3	010807001003	金属(塑钢、断桥)窗	1. 窗类型:塑钢窗 推拉窗; 2. 窗洞尺寸:1500mm×1700mm; 3. 材料种类:铝合金 1.2mm 厚; 4. 玻璃品种、厚度:5mm 厚平玻; 5. 五金材料:滑轮滑轨、卡锁	m^2	2.55			
4	010806001004	木质窗	1. 窗类型:木质平开窗 C2217; 2. 骨架材料种类:一等杉木; 3. 玻璃品种、厚度:3mm 厚平玻; 4. 防护层材料种类:稀柏油两遍; 5. 油漆品种、刷漆遍数:刮原子灰腻子两遍,调和漆两遍; 6. 五金材料:铰链、插销、拉手、折页、风钩	m^2	3.74			
5	010807001005	金属(塑钢、断桥)窗	1. 窗类型、材料种类:断桥铝合金推拉窗; 2. 窗代号及洞口尺寸:1800mm×1900mm; 3. 玻璃品种、厚度:中空安全玻璃; 4. 五金材料:滑轮滑轨、卡锁等; 5. 门窗嵌缝材料种类:防水水泥砂浆	m^2	3.42			
6	010807001006	金属(塑钢、断桥)窗	1. 窗类型、材料种类:铝合金推拉窗; 2. 窗代号及洞口尺寸:1800mm×1800mm; 3. 玻璃品种、厚度:中空安全玻璃; 4. 五金材料:滑轮滑轨、卡锁等; 5. 门窗嵌缝材料种类:防水水泥砂浆	m^2	3.24			
7	010801002007	成品装饰门	1. 门类型:实木装饰门带套; 2. 框材质、外围尺寸:1000mm×2400mm; 3. 五金材料种类、规格:执手锁、合页、门碰等; 4. 嵌缝材料种类:门套防撞条安装及门套收缝,嵌缝材料满足设计及规范要求; 5. 门窗嵌缝材料种类:防水水泥砂浆	m^2	2.4			
8	010802003008	防火门	1. 门类型:钢质防火门; 2. 框材质、外围尺寸:详见设计; 3. 扇材质、外围尺寸:详见设计; 4. 五金材料种类、规格:防火防盗门门锁、拉手、合页、插销; 5. 防火门的质量及防火性能均应经国家防火质量检测中心检验合格,并达到设计要求的耐火极限,双扇防火门应加设顺序器	m^2	4.32			
9	010805005009	自动玻璃隔断门	1. 门类型:自动玻璃隔断门; 2. 框外围尺寸:1500mm×2100mm; 3. 玻璃品种、厚度:12mm 厚钢化玻璃; 4. 五金材料:不锈钢管子拉手、不锈钢夹具	m^2	3.15			
本页小计								
合　计								

注:为计取规费等的使用,可在表中增设"其中:定额人工费"。

7.3.3　清单工程量计算

图 7-1 中，卷帘（闸）门清单工程量计算如下：

$A=3.20\times(3.60+0.60)$

$=3.20\times4.20$

$=13.44$（m^2）

图 7-2 中，木质门清单工程量计算如下：

$A=1.50\times2.70$

$=4.05$（m^2）

图 7-3 中，塑钢窗清单工程量计算如下：

$A=1.50\times1.70$

$=2.55$（m^2）

图 7-4 中，木质窗清单工程量计算如下：

$A=2.20\times1.70$

$=3.74$（m^2）

图 7-5 中，断桥铝合金窗清单工程量计算如下：

$A=1.90\times1.80$

$=3.42$（m^2）

图 7-6 中，铝合金窗清单工程量计算如下：

$A=1.80\times1.80$

$=3.24$（m^2）

图 7-7 中，成品装饰门清单工程量计算如下：

$A=1.00\times(2.10+0.30)$

$=2.40$（m^2）

图 7-8 中，防火门清单工程量计算如下：

$A=1.80\times2.40$

$=4.32$（m^2）

图 7-9 中，自动玻璃隔断门清单工程量计算如下：

$A=1.50\times2.10$

$=3.15$（m^2）

7.4　工程量清单计价

7.4.1　前期准备

（1）一般说明

本分部门窗（厂、库房大门除外）均以成品安装编制项目，成品门窗单价包括成品制作及运输费用。若采用现场制作的门窗，应包括制作的所有费用。

（2）木门窗

① 本分部木门框所注明的框断面是以边立梃设计净断面为准，框截面如为钉条，应加钉条的断面计算。刨光损耗包括在定额内，不另计算。

② 各类门窗的区别

a. 全部用冒头结构镶板的称为“镶板门”。

b. 在同一门扇上装玻璃和镶板（钉板）时，玻璃面积大于或等于镶板（钉板）面积1/2的称为“半玻门”。

c. 在同一门扇上无镶板（钉板），全部装玻璃的称为“全玻门”。

d. 用上下冒头或一根中冒头钉企口板，板面起三角槽的称为“拼板门”。

③ 门窗安装定额内已包括门窗框刷防腐油、安放木砖、框边填石灰麻刀浆、水泥砂浆或嵌油灰等的工料。

④“镶板、胶合板门带窗”“镶板、胶合板门带窗带纱”分别按本分部门、窗相应项目执行。

⑤ 木质“半玻自由门”“全玻自由门”按木质自由门项目执行。

⑥ 本分部门窗定额项目包括普通五金及配件，不包括特殊五金及门锁，设计要求时执行门锁、特殊五金相应定额项目。

本分部门窗定额项目不包括木门扇的镶嵌雕花等工艺制作及其材料。

（3）金属门窗

① 空腹钢门、钢窗均按钢门窗定额计算。

② 门窗定额内已包括预埋铁件、水泥脚和玻璃卡以及水泥砂浆或混凝土嵌缝的工料等。

③ 双层窗按定额单价乘以系数 2 计算。

④ 金属门窗定额项目包括普通五金及附件、毛条（胶条）、玻璃胶，不包括特殊五金及门锁。

⑤“钢百叶窗”按“塑钢百叶窗”定额项目执行。

⑥ 彩板窗的副框按彩板门副框定额项目执行。

（4）厂、库房大门和特种门

① 厂、库房大门木材种类均以一、二类木种为准，如采用三、四类木种时，制作费、安装人工费、机械费均乘以系数 1.26。

② 金属格栅门、钢质花饰大门、特种门均按工厂制品、现场安装编制。

③ 厂、库房大门和特种门的五金按实际计算。

④ 厂、库房大门安装定额内已包括门窗框刷防腐油、安放木砖、框边填石灰麻刀浆或嵌油灰以及安装一般五金等的工料。

⑤ 全钢板大门和围墙铁丝门项目定额内已包括刷一遍红丹酚醛防锈漆的工料。

⑥ 全钢板大门和围墙铁丝门的五金（包括折页、门轴、门闩、插销等）均已考虑，地（滑）轮、滑轨、阻扁轮或轴承等零件，应按设计要求另行计算。

⑦ 定额项目内所列的垫铁（或铁件），是为施工中调整偏差和标高使用的。

⑧ 门窗扇包镀锌铁皮，以双面为准，如设计规定为单面包铁皮时，其工料乘系数 0.67。

（5）其他说明

① 不锈钢片包门框中，木骨架枋材断面按 40mm×45mm 计算。如果设计与定额不同时，允许换算。

② 电动伸缩门长度与定额含量不同时，伸缩门及钢轨允许换算。打凿混凝土工程量另行计算。

③ 窗台板厚度为 25mm，窗帘盒展开宽度为 430mm。设计与定额不同时，材料用量允许调整。

④ 门窗套龙骨定额内不包括刷防火涂料的工料，设计要求时执行“P 油漆、涂料工程”相应定额项目。

⑤ 木门窗套、木筒子板、木窗台板（除特殊注明外）木材种类均以一、二类木种为准，如采用三、四类木种时，制作费、安装人工费、机械费均乘以系数 1.35。

⑥ 木门窗套（成品除外）不包括线条，设计要求时按“Q 其他装饰工程”相应定额项目执行。

7.4.2　清单计价

依据图 7-1 至图 7-9 进行工程量清单计价，见表 7-2。

表 7-2　　分部分项工程量清单与计价表

工程名称：13 规范清单计价（15 定额）增值税工程项目【建筑与装饰工程】　　标段：　　第 1 页　共 1 页

序号	项目编码	项目名称	项目特征描述	计量单位	工程量	金额(元)		
						综合单价	合价	其中 暂估价
1	010803001001	金属卷帘(闸)门	1. 门材质：铝合金 1.2mm 厚； 2. 外围尺寸：3200mm×4200mm； 3. 五金材料：电子防盗锁、传感器； 4. 启动方式：电动	m^2	13.44	164.38	2209.27	
	AH0064	金属卷闸门	—	$100m^2$	0.134	16437.87	2202.67	
2	010801001002	木质门	1. 门类型：全板镶板木门 M1527； 2. 框截面尺寸、骨架材料种类、面层材料品种：详西南 04J611 第 29 页 Xa-1527； 3. 五金材料：普通合页、弓背拉手、插销； 4. 防护材料种类：框外侧刷稀柏油两遍； 5. 油漆品种、刷漆遍数：刮桐油灰腻子两遍，调和漆两遍	m^2	4.05	324.33	1313.54	
	AH0001	镶板门带框有亮	—	$100m^2$	0.041	32432.70	1329.74	

续表

序号	项目编码	项目名称	项目特征描述	计量单位	工程量	金额（元）		
						综合单价	合价	其中
								暂估价
3	010807001003	金属（塑钢、断桥）窗	1. 窗类型：塑钢窗 推拉窗； 2. 窗洞尺寸：1500mm×1700mm； 3. 材料种类：铝合金 1.2mm 厚； 4. 玻璃品种、厚度：5mm 厚平玻； 5. 五金材料：滑轮滑轨、卡锁	m^2	2.55	201.96	515.00	
	AH0143	塑钢窗 推拉窗	—	$100m^2$	0.026	20195.91	525.09	
4	010806001004	木质窗	1. 窗类型：木质平开窗 C2217； 2. 骨架材料种类：一等杉木； 3. 玻璃品种、厚度：3mm 厚平玻； 4. 防护层材料种类：稀柏油两遍； 5. 油漆品种、刷漆遍数：刮原子灰腻子两遍，调和漆两遍； 6. 五金材料：铰链、插销、拉手、折页、风钩	m^2	3.74	278.23	1040.58	
	AH0116	木窗 平开窗	—	$100m^2$	0.037	27823.45	1029.47	
5	010807001005	金属（塑钢、断桥）窗	1. 窗类型、材料种类：断桥铝合金推拉窗； 2. 窗代号及洞口尺寸：1800mm×1900mm； 3. 玻璃品种、厚度：中空安全玻璃； 4. 五金材料：滑轮滑轨、卡锁等； 5. 门窗嵌缝材料种类：防水水泥砂浆	m^2	3.42	272.26	944.81	
	AH0140	断桥铝合金窗 推拉窗	—	$100m^2$	0.0342	27626.15	939.29	
6	010807001006	金属（塑钢、断桥）窗	1. 窗类型、材料种类：铝合金推拉窗； 2. 窗代号及洞口尺寸：1800mm×1800mm； 3. 玻璃品种、厚度：中空安全玻璃； 4. 五金材料：滑轮滑轨、卡锁等； 5. 门窗嵌缝材料种类：防水水泥砂浆	m^2	3.24	184.94	599.21	
	AH0137	铝合金窗 推拉窗	—	$100m^2$	0.0324	18493.85	591.80	

续表

序号	项目编码	项目名称	项目特征描述	计量单位	工程量	金额(元)		
						综合单价	合价	其中 暂估价
7	010801002007	成品装饰门	1. 门类型：实木装饰门带套； 2. 框材质、外围尺寸：1000mm×2400mm； 3. 五金材料种类、规格：执手锁、合页、门碰等； 4. 嵌缝材料种类：门套防撞条安装及门套收缝，嵌缝材料满足设计及规范要求； 5. 门窗嵌缝材料种类：防水水泥砂浆	m^2	2.4	426.27	1023.05	
	AH0016	实木装饰门带套	—	$100m^2$	0.024	42627.47	1023.06	
8	010802003008	防火门	1. 门类型：钢质防火门； 2. 框材质、外围尺寸：详见设计； 3. 扇材质、外围尺寸：详见设计； 4. 五金材料种类、规格：防火防盗门门锁、拉手、合页、插销； 5. 防火门的质量及防火性能均应经国家防火质量检测中心检验合格，并达到设计要求的耐火极限，双扇防火门应加设顺序器	m^2	4.32	327.76	1415.92	
	AH0062	钢质防火门	—	$100m^2$	0.0432	32776.37	1409.38	
9	010805005009	自动玻璃隔断门	1. 门类型：自动玻璃隔断门； 2. 框外围尺寸：1500mm×2100mm； 3. 玻璃品种、厚度：12mm 厚钢化玻璃； 4. 五金材料：不锈钢管子拉手、不锈钢夹具	m^2	3.15	507.48	1598.56	
	AH0113	全玻自由门	—	$100m^2$	0.0315	50747.80	1623.93	
本页小计							21334.37	
合　计							21334.37	

注：为计取规费等的使用，可在表中增设“其中：定额人工费”。

7.4.3　定额工程量计算依据

(1) 木门窗

① 木质门、木质门带套、木质防火门、木质窗安装工程量，按设计门窗洞口尺寸以面积计算，无框的按扇外围面积计算。

② 木纱窗、装饰空花木窗安装工程量，按框外围面积计算。

③ 木门框制作安装工程量，按设计门洞口尺寸以面积计算。

（2）金属门窗

① 钢门窗、塑钢门窗、铝合金门窗、断桥铝合金门窗、铝合金地弹门、不锈钢地弹门安装工程量，按设计门窗洞口面积以平方米计算。

② 钢质防火门、防盗门、金属防火窗、金属百叶窗、彩板门窗安装工程量，按设计门窗洞口面积以平方米计算，金属纱门窗按框外围面积计算。

③ 防盗窗、金属格栅窗按框外围面积计算。

④ 彩板组角门附框安装按延长米计算，彩板组角窗附框按彩板门附框项目执行。

⑤ 金属（塑钢、断桥）飘（凸）窗按展开面积计算，套相应金属（塑钢、断桥）窗定额。

⑥ 卷闸门安装按其安装高度乘以门的实际宽度以平方米计算，安装高度算至滚筒顶点。带卷筒罩的按展开面积增加。电动装置安装以套计算，小门安装以个计算，小门面积不扣除。

⑦ 金属（塑钢、断桥）橱窗制作、安装

a. 橱窗封边按设计图示饰面外围尺寸展开面积以平方米计算。

b. 橱窗玻璃安装按设计图示封边框内边缘尺寸以平方米计算。

c. 玻璃肋安装按设计图示尺寸，以平方米计算。

d. 玻璃磨边以延长米计算。

（3）厂、库房大门和特种门

① 厂、库房大门运输定额项目包括框和扇的运输，工程量按门窗洞口面积计算；若单运框或扇时定额项目乘以系数 0.5。

② 木板大门、钢木大门制安项目中标明有框的按洞口面积计算工程量，无框的按扇外围面积计算工程量。

③ 特种门安装工程量，按设计门窗洞口尺寸以面积计算。

④ 全钢板大门、防护铁丝门，按设计门扇外围面积计算。

⑤ 金属格栅门安装工程量，按框外围面积计算。

⑥ 钢质花饰大门安装工程量，按扇外围面积计算。

⑦ 大门钢骨架按设计图示尺寸以质量计算，不扣除孔眼、切边的质量，焊条、铆钉等不另增加质量，不规则或多边形钢板以其外接矩形面积乘以厚度，以单位理论质量计算。

（4）其他门

① 不锈钢板包门框、门窗套、门窗筒子板按展开面积计算；成品门窗套按设计图示尺寸以延长米计算，若只包单面时，人工乘以系数 0.65。

② 电子感应门按门扇面积计算，电磁感应装置按套计算。

③ 不锈钢电动伸缩门和旋转门以樘计算。

④ 复合塑料门按设计门洞口尺寸以面积计算。

⑤ 电子对讲门按设计门洞口尺寸以面积计算。

⑥ 全玻自由门按设计门扇面积以平方米计算。

(5) 门窗套、窗台板

① 门窗贴脸、窗帘盒、窗帘轨按延长米计算。

② 窗台板按设计图示尺寸以面积计算。

7.4.4　定额工程量计算

图 7-1 中，卷帘（闸）门清单工程量计算如下：

$A = 3.20 \times (3.60 + 0.60)$

$= 3.20 \times 4.20$

$= 13.44\ (m^2)$

图 7-2 中，木质门清单工程量计算如下：

$A = 1.50 \times 2.70$

$= 4.05\ (m^2)$

图 7-3 中，塑钢窗清单工程量计算如下：

$A = 1.50 \times 1.70$

$= 2.55\ (m^2)$

图 7-4 中，木质窗清单工程量计算如下：

$A = 2.20 \times 1.70$

$= 3.74\ (m^2)$

图 7-5 中，断桥铝合金窗清单工程量计算如下：

$A = 1.90 \times 1.80$

$= 3.42\ (m^2)$

图 7-6 中，铝合金窗清单工程量计算如下：

$A = 1.80 \times 1.80$

$= 3.24\ (m^2)$

图 7-7 中，成品装饰门清单工程量计算如下：

$A = 1.00 \times (2.10 + 0.30)$

$= 2.40\ (m^2)$

图 7-8 中，防火门清单工程量计算如下：

$A = 1.80 \times 2.40$

$= 4.32\ (m^2)$

图 7-9 中，自动玻璃隔断门清单工程量计算如下：

$A = 1.50 \times 2.10$

$= 3.15\ (m^2)$

7.4.5　综合单价分析表

综合单价分析表见表 7-3 至表 7-11。

表 7-3　　　　　　　　　　综合单价分析表（1）

工程名称：13 规范清单计价（15 定额）增值税工程项目【建筑与装饰工程】　　标段：　　第 1 页　共 9 页

项目编码		(1) 010803001001		项目名称		金属卷帘(闸)门		计量单位	樘面积 (m^2)	工程量	13.44
清单综合单价组成明细											
定额编号	定额项目名称	定额单位	数量	单价				合价			
				人工费	材料费	机械费	管理费和利润	人工费	材料费	机械费	管理费和利润
AH0064	金属卷闸门	100m^2	0.01	3953.10	11293.48	86.62	1104.67	39.53	112.93	0.87	11.05
人工单价		小　计						39.53	112.93	0.87	11.05
元/工日		未计价材料费									
清单项目综合单价								164.38			
材料费明细	主要材料名称、规格、型号					单位	数量	单价（元）	合价（元）	暂估单价（元）	暂估合价（元）
	卷闸门					m^2	0.997	110.00	109.67		
	膨胀螺栓(金属胀锚螺栓）M8×80					套	0.653	0.55	0.36		
	膨胀螺栓(金属胀锚螺栓）M8×100					套	1.576	0.80	1.26		
	精制六角带帽螺栓 M10×100					套	0.542	0.55	0.30		
	电焊条 $\phi 4$					kg	0.05	5.50	0.28		
	其他材料费							—	1.06	—	
	材料费小计							—	112.93	—	

表 7-4　　**综合单价分析表（2）**

工程名称：13 规范清单计价（15 定额）增值税工程项目【建筑与装饰工程】　　标段：　　第 2 页　共 9 页

<table>
<tr><td colspan="2">项目编码</td><td>(2)
010801001002</td><td>项目名称</td><td colspan="2">木质门</td><td>计量单位</td><td>樘面积(m²)</td><td>工程量</td><td>4.05</td></tr>
<tr><td colspan="10">清单综合单价组成明细</td></tr>
<tr><td rowspan="2">定额编号</td><td rowspan="2">定额项目名称</td><td rowspan="2">定额单位</td><td rowspan="2">数量</td><td colspan="4">单价</td><td colspan="4">合价</td></tr>
<tr><td>人工费</td><td>材料费</td><td>机械费</td><td>管理费和利润</td><td>人工费</td><td>材料费</td><td>机械费</td><td>管理费和利润</td></tr>
<tr><td>AH0001</td><td>镶板门带框 有亮</td><td>100m²</td><td>0.01</td><td>1601.25</td><td>30195.19</td><td>153.86</td><td>482.40</td><td>16.01</td><td>301.95</td><td>1.54</td><td>4.82</td></tr>
<tr><td></td><td></td><td></td><td></td><td></td><td></td><td></td><td></td><td></td><td></td><td></td><td></td></tr>
<tr><td colspan="2">人工单价</td><td colspan="6">小　计</td><td>16.01</td><td>301.95</td><td>1.54</td><td>4.82</td></tr>
<tr><td colspan="2">元/工日</td><td colspan="6">未计价材料费</td><td colspan="4"></td></tr>
<tr><td colspan="8">清单项目综合单价</td><td colspan="4">324.32</td></tr>
<tr><td rowspan="6">材料费明细</td><td colspan="4">主要材料名称、规格、型号</td><td>单位</td><td>数量</td><td>单价（元）</td><td>合价（元）</td><td>暂估单价（元）</td><td>暂估合价（元）</td></tr>
<tr><td colspan="4">镶板门带框(有亮)</td><td>m²</td><td>0.99068</td><td>300.00</td><td>297.20</td><td></td><td></td></tr>
<tr><td colspan="4">合页</td><td>只</td><td>1.782</td><td>1.50</td><td>2.67</td><td></td><td></td></tr>
<tr><td colspan="4">膨胀螺栓 M8</td><td>套</td><td>7.269</td><td>0.50</td><td>3.63</td><td></td><td></td></tr>
<tr><td colspan="6">其他材料费</td><td>—</td><td></td><td>—</td><td></td></tr>
<tr><td colspan="6">材料费小计</td><td>—</td><td>303.50</td><td>—</td><td></td></tr>
</table>

表 7-5　　　　综合单价分析表（3）

工程名称：13 规范清单计价（15 定额）增值税工程项目【建筑与装饰工程】　　标段：　　第 3 页　共 9 页

项目编码		(3) 010807001003		项目名称		金属(塑钢、断桥)窗		计量单位	樘面积(m^2)	工程量	2.55
清单综合单价组成明细											
定额编号	定额项目名称	定额单位	数量	单价				合价			
				人工费	材料费	机械费	管理费和利润	人工费	材料费	机械费	管理费和利润
AH0143	塑钢窗 推拉窗	100m^2	0.01	2720.45	16515.06	168.23	792.17	27.20	165.15	1.68	7.92
人工单价		小　计						27.20	165.15	1.68	7.92
元/工日		未计价材料费									
清单项目综合单价								201.95			
材料费明细	主要材料名称、规格、型号					单位	数量	单价（元）	合价（元）	暂估单价（元）	暂估合价（元）
	塑钢推拉窗					m^2	0.9726	170.00	165.34		
	膨胀螺栓(金属胀锚螺栓) M8×80					套	4.201	0.55	2.31		
	其他材料费							—		—	
	材料费小计							—	167.65	—	

表 7-6 **综合单价分析表（4）**

工程名称：13 规范清单计价（15 定额）增值税工程项目【建筑与装饰工程】 标段： 第 4 页 共 9 页

项目编码		(4) 010806001004		项目名称		木质窗		计量单位	樘面积(m^2)	工程量	3.74
清单综合单价组成明细											
定额编号	定额项目名称	定额单位	数量	单价				合价			
				人工费	材料费	机械费	管理费和利润	人工费	材料费	机械费	管理费和利润
AH0116	木窗 平开窗	$100m^2$	0.01	1573.80	25660.27	123.42	465.96	15.74	256.60	1.23	4.66
人工单价		小 计						15.74	256.60	1.23	4.66
元/工日		未计价材料费									
清单项目综合单价								278.23			
材料费明细	主要材料名称、规格、型号					单位	数量	单价（元）	合价（元）	暂估单价（元）	暂估合价（元）
	平开木窗					m^2	0.95616	260.00	248.60		
	合页					只	2.038	1.50	3.06		
	塑料膨胀螺栓 $\phi10\times70$					套	8.31	0.05	0.42		
	其他材料费							—	4.52	—	
	材料费小计							—	256.60	—	

表 7-7　　　　　　　　综合单价分析表（5）

工程名称：13 规范清单计价（15 定额）增值税工程项目【建筑与装饰工程】　　标段：　　第 5 页　共 9 页

<table>
<tr><td colspan="2">项目编码</td><td colspan="2">(5)
010807001005</td><td colspan="2">项目名称</td><td colspan="2">金属(塑钢、断桥)窗</td><td>计量单位</td><td>樘面积(m²)</td><td>工程量</td><td>3.42</td></tr>
<tr><td colspan="12">清单综合单价组成明细</td></tr>
<tr><td rowspan="2">定额编号</td><td rowspan="2">定额项目名称</td><td rowspan="2">定额单位</td><td rowspan="2">数量</td><td colspan="4">单价</td><td colspan="4">合价</td></tr>
<tr><td>人工费</td><td>材料费</td><td>机械费</td><td>管理费和利润</td><td>人工费</td><td>材料费</td><td>机械费</td><td>管理费和利润</td></tr>
<tr><td>AH0140</td><td>断桥铝合金窗 推拉窗</td><td>100m²</td><td>0.01</td><td>3103.74</td><td>23500.18</td><td>135.15</td><td>887.08</td><td>31.04</td><td>235.00</td><td>1.35</td><td>8.87</td></tr>
<tr><td></td><td></td><td></td><td></td><td></td><td></td><td></td><td></td><td></td><td></td><td></td><td></td></tr>
<tr><td colspan="2">人工单价</td><td colspan="6">小　计</td><td>31.04</td><td>235.00</td><td>1.35</td><td>8.87</td></tr>
<tr><td colspan="2">元/工日</td><td colspan="6">未计价材料费</td><td colspan="4"></td></tr>
<tr><td colspan="8">清单项目综合单价</td><td colspan="4">276.26</td></tr>
<tr><td rowspan="5">材料费明细</td><td colspan="5">主要材料名称、规格、型号</td><td>单位</td><td>数量</td><td>单价(元)</td><td>合价(元)</td><td>暂估单价(元)</td><td>暂估合价(元)</td></tr>
<tr><td colspan="5">断桥铝合金推拉窗</td><td>m²</td><td>0.95687</td><td>240.00</td><td>229.65</td><td></td><td></td></tr>
<tr><td colspan="5">膨胀螺栓(金属胀锚螺栓) M8×75</td><td>套</td><td>6.144</td><td>0.55</td><td>3.38</td><td></td><td></td></tr>
<tr><td colspan="7">其他材料费</td><td>—</td><td>1.97</td><td>—</td><td></td></tr>
<tr><td colspan="7">材料费小计</td><td>—</td><td>235.00</td><td>—</td><td></td></tr>
</table>

表 7-8　　**综合单价分析表（6）**

工程名称：13 规范清单计价（15 定额）增值税工程项目【建筑与装饰工程】　　标段：　　第 6 页　共 9 页

项目编码		(6) 010807001006		项目名称		金属(塑钢、断桥)窗		计量单位	樘面积(m^2)	工程量	3.24
清单综合单价组成明细											
定额编号	定额项目名称	定额单位	数量	单价				合价			
				人工费	材料费	机械费	管理费和利润	人工费	材料费	机械费	管理费和利润
AH0137	铝合金窗推拉窗	$100m^2$	0.01	2896.65	14622.18	142.36	832.66	28.97	146.22	1.42	8.33
人工单价		小　计						28.97	146.22	1.42	8.33
元/工日		未计价材料费									
清单项目综合单价								184.94			
材料费明细	主要材料名称、规格、型号					单位	数量	单价（元）	合价（元）	暂估单价（元）	暂估合价（元）
	铝合金推拉窗					m^2	0.9384	150.00	140.76		
	膨胀螺栓(金属胀锚螺栓) M8×75					套	5.244	0.55	2.88		
	其他材料费							—	2.58	—	
	材料费小计							—	146.22	—	

表 7-9　　综合单价分析表（7）

工程名称：13 规范清单计价（15 定额）增值税工程项目【建筑与装饰工程】　　标段：　　第 7 页　共 9 页

项目编码		(7) 010801002007		项目名称		木质门带套		计量单位	樘面积(m^2)	工程量	2.4
清单综合单价组成明细											
定额编号	定额项目名称	定额单位	数量	单价				合价			
				人工费	材料费	机械费	管理费和利润	人工费	材料费	机械费	管理费和利润
AH0016	实木装饰门带套	$100m^2$	0.01	2125.55	39707.27	165.65	629.00	21.26	397.07	1.66	6.29
人工单价		小　　计						21.26	397.07	1.66	6.29
元/工日		未计价材料费									
清单项目综合单价								426.28			
材料费明细	主要材料名称、规格、型号					单位	数量	单价（元）	合价（元）	暂估单价（元）	暂估合价（元）
	实木装饰门带套					m^2	0.9704	400.00	388.16		
	合页					只	1.78	1.50	2.67		
	膨胀螺栓 M8					套	7.26	0.50	3.63		
	其他材料费							—	2.61	—	
	材料费小计							—	397.07	—	

表 7-10　　综合单价分析表（8）

工程名称：13 规范清单计价（15 定额）增值税工程项目【建筑与装饰工程】　　标段：　　第 8 页　共 9 页

项目编码		(8) 010802003008		项目名称		钢质防火门		计量单位	樘面积(m^2)	工程量	4.32
清单综合单价组成明细											
定额编号	定额项目名称	定额单位	数量	单价				合价			
				人工费	材料费	机械费	管理费和利润	人工费	材料费	机械费	管理费和利润
AH0062	钢质防火门	100m^2	0.01	2488.17	29370.29	184.39	733.52	24.88	293.70	1.84	7.34
人工单价		小　计						24.88	293.70	1.84	7.34
元/工日		未计价材料费									
清单项目综合单价								327.76			
材料费明细	主要材料名称、规格、型号					单位	数量	单价（元）	合价（元）	暂估单价（元）	暂估合价（元）
	钢质防火门					m^2	0.9655	300.00	289.65		
	膨胀螺栓					套	4.469	0.50	2.23		
	其他材料费							—	1.82	—	
	材料费小计							—	293.70	—	

表 7-11　　综合单价分析表（9）

工程名称：13 规范清单计价（15 定额）增值税工程项目【建筑与装饰工程】　　标段：　　第 8 页　共 9 页

项目编码	(9) 010805005009		项目名称		全玻自由门		计量单位	樘面积(m^2)	工程量	3.15
清单综合单价组成明细										
定额编号	定额项目名称	定额单位	数量	单价				合价		
				人工费	材料费	机械费	管理费和利润	人工费	材料费	机械费	管理费和利润
AH0113	全玻自由门	$100m^2$	0.01	4117.50	45277.33	176.86	1176.11	41.18	452.77	1.77	11.76
人工单价		小　计						41.18	452.77	1.77	11.76
元/工日		未计价材料费									
清单项目综合单价								507.48			
材料费明细	主要材料名称、规格、型号				单位	数量		单价（元）	合价（元）	暂估单价（元）	暂估合价（元）
	全玻自由门				m^2	1.01587		450.00	457.14		
	其他材料费							—		—	
	材料费小计							—	457.14	—	

项目八 油漆涂料裱糊工程的计量与计价

8.1 教学实施方案

本章主要介绍装饰工程中油漆涂料裱糊工程计量与计价。油漆涂料裱糊工程主要包括门窗油漆、木扶手及其他板条油漆、木材面油漆、金属面油漆、抹灰面油漆、刷喷涂料、墙纸织锦裱糊等。要求学生熟悉其他工程的施工工艺和流程，并能正确计算其工程量。

学习目标

了解油漆涂料裱糊工程做法；

熟悉相关定额及清单规范；

掌握油漆涂料裱糊工程量计算的方法；

掌握油漆涂料裱糊工程清单编制及计价方法。

教学手段与方法

案例法、讲授法、示范法。

8.2 项目相关知识

8.2.1 前期准备

《GB 50500—2013 建设工程工程量清单计价规范》；

《GB 50854—2013 房屋建筑与装饰工程工程量计算规范》；

2015 年《四川省建设工程工程量清单计价定额》。

8.2.2 识读装饰施工图

全玻璃门，尺寸如图 8-1 所示，油漆为底油一遍，调和漆三遍，共 20 樘。

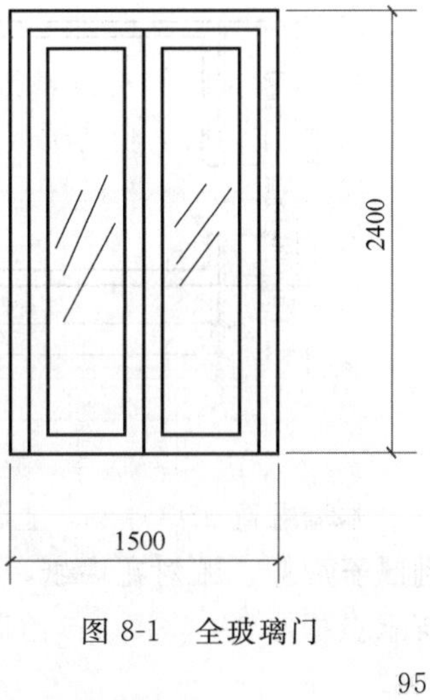

图 8-1 全玻璃门

计算如图 8-2 所示，卧室、客厅内墙刷乳胶漆，做法为满刮腻子两遍，刷乳胶漆两遍，墙面净高 2.8m，门窗表见表 8-1。

某工程如图 8-3 所示尺寸，墙面、顶棚刷乳胶漆两遍(光面)。

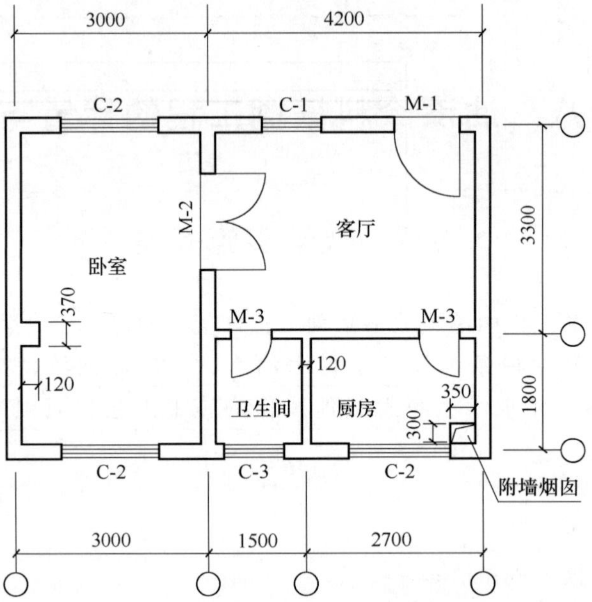

图 8-2 卧室、客厅内墙刷乳胶漆

表 8-1 **小住宅门窗一览表** 单位：mm

序号	名 称	规 格	数 量	备注
1	M-1 入户防盗门	1000×2100	6	—
2	M-2 双扇地弹门	1500×2700	6	铝合金带亮子
3	M-3 普通木门	900×2100	12	—
4	C-1 铝合金窗	1200×1200	6	带防盗网
5	C-2 铝合金窗	1500×1800	18	—
6	C-3 铝合金窗	1200×900	6	—

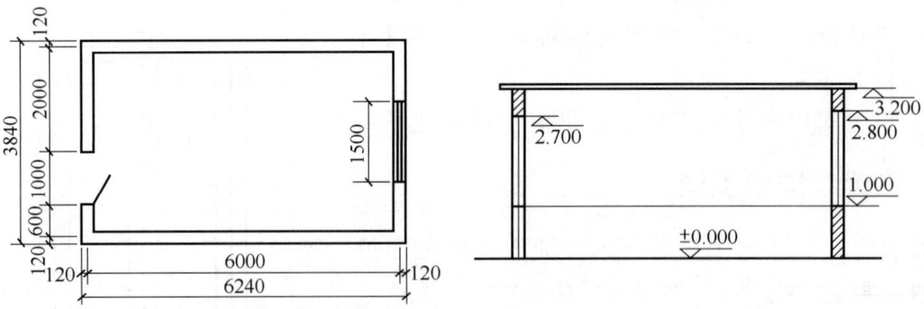

图 8-3 墙面、顶棚刷乳胶漆

木墙裙高 1000mm，上润油粉、刮腻子、油色、清漆四遍、磨退出亮；内墙抹灰面满刮腻子两遍，贴对花墙纸，挂镜线 25mm×50mm，刷底油一遍、调和漆两遍，如图 8-4 所示。

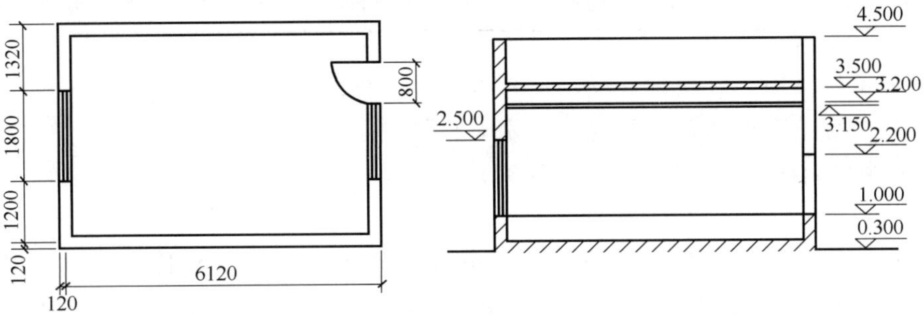

图 8-4 墙面示意图

8.3 编制工程量清单

8.3.1 前期准备

(1) 木门油漆（编号：011401001）

① 单位：m^2。

② 项目特征：门类型：全玻璃门；腻子种类：桐油灰腻子；刮腻子要求：铲去脂囊，修补，砂纸打磨漆片点节疤；干性油打底，满刮腻子；防护材料种类：木基层防火涂料三遍；油漆品种、刷漆遍数：调和漆三遍。

③ 工程量计算规则：以樘计量，按设计图示数量计量；以平方米计量，按设计图示洞口尺寸以面积计算。

④ 工作内容：基层清理；刮腻子；刷防护材料、油漆。

(2) 挂镜线、窗帘棍、单独木线条油漆（编号：011403005）

① 单位：m。

② 项目特征：腻子种类：桐油灰腻子；刮腻子要求：铲去脂囊，修补，砂纸打磨漆片点节疤；干性油打底，满刮腻子；油漆体单位展开面积：横截面展开尺寸×木线条长度；防护材料种类：木线条防火涂料三遍；油漆品种、刷漆遍数：调和漆三遍。

③ 工程量计算规则：按设计图示尺寸以长度计算。

④ 工作内容：基层清理；刮腻子；刷防护材料、油漆。

(3) 抹灰面油漆（编号：011406001）

① 单位：m^2。

② 项目特征：基层类型：墙面一般抹灰面；腻子种类：成品腻子膏；刮腻子要求：清理基层，修补，砂纸打磨；满刮腻子两遍，找补两遍；油漆品种、刷漆遍数：调和漆两遍。

③ 工程量计算规则：按设计图示尺寸以面积计算。

④ 工作内容：基层清理；刮腻子；刷防护材料、油漆。

(4) 墙面喷刷涂料（编号：011407001）

① 单位：m^2。

② 项目特征：基层类型：墙面一般抹灰面；腻子种类：石膏粉腻子；刮腻子要求：

清理基层，修补，砂纸打磨；满刮腻子一遍，找补两遍；涂料品种、刷喷遍数：喷塑一塑三油。

③ 工程量计算规则：按设计图示尺寸以面积计算。

④ 工作内容：基层清理；刮腻子；刷喷涂料。

（5）天棚喷刷涂料（编号：011407002）

① 单位：m^2。

② 项目特征：基层类型：天棚一般抹灰面；腻子种类：石膏粉腻子；刮腻子要求：清理基层，修补，砂纸打磨；满刮腻子一遍，找补两遍；涂料品种、刷喷遍数：喷塑一塑三油。

③ 工程量计算规则：按设计图示尺寸以面积计算。

④ 工作内容：基层清理；刮腻子；刷喷涂。

（6）墙纸裱糊（编号：011408001）

① 单位：m^2。

② 项目特征：基层类型：墙面一般抹灰面；裱糊构件部位：墙面、柱面；腻子种类：成品腻子膏；刮腻子要求：清理基层，修补，砂纸打磨；满刮腻子一遍，找补两遍；黏结材料种类：墙纸粉；防护材料种类：醇酸清漆一遍；面层材料品种、规格、品牌、颜色：530mm 宽对花。

③ 工程量计算规则：按设计图示尺寸以面积计算。

④ 工作内容：基层清理；刮腻子；面层铺粘；刷防护材料。

8.3.2 编制招标清单

依据图 8-1 至图 8-4 编制工程量招标清单，见表 8-2。

表 8-2 **分部分项工程量清单与计价表**

工程名称：13 规范清单计价（15 定额）增值税工程项目【建筑与装饰工程】 标段：

序号	项目编码	项目名称	项目特征描述	计量单位	工程量	金额(元)		
						综合单价	合价	其中暂估价
1	011401001001	木门油漆	1. 门类型：全玻璃门； 2. 腻子种类：桐油灰腻子； 3. 刮腻子要求：铲去脂囊，修补，砂纸打磨漆片点节疤；干性油打底，满刮腻子； 4. 防护材料种类：木基层防火涂料三遍； 5. 油漆品种、刷漆遍数：调和漆三遍	m^2	20			
2	011406001002	抹灰面油漆	1. 基层类型：墙面一般抹灰面； 2. 腻子种类：成品腻子膏； 3. 刮腻子要求：清理基层，修补，砂纸打磨；满刮腻子两遍，找补两遍； 4. 油漆品种、刷漆遍数：调和漆两遍	m^2	25.94			

续表

序号	项目编码	项目名称	项目特征描述	计量单位	工程量	金额（元）		
						综合单价	合价	其中暂估价
3	011407002003	天棚喷刷涂料	1. 基层类型：墙面一般抹灰面； 2. 腻子种类：石膏粉腻子； 3. 刮腻子要求：清理基层，修补，砂纸打磨；满刮腻子一遍，找补两遍； 4. 涂料品种、刷喷遍数：喷塑一塑三油	m^2	19.30			
4	011407001004	墙面喷刷涂料	1. 基层类型：墙面一般抹灰面； 2. 腻子种类：石膏粉腻子； 3. 刮腻子要求：清理基层，修补，砂纸打磨；满刮腻子一遍，找补两遍； 4. 涂料品种、刷喷遍数：喷塑一塑三油	m^2	35.73			
5	011408001005	墙纸裱糊	1. 基层类型：墙面一般抹灰面； 2. 裱糊构件部位：墙面、柱面； 3. 腻子种类：成品腻子膏； 4. 刮腻子要求：清理基层，修补，砂纸打磨；满刮腻子一遍，找补两遍； 5. 黏结材料种类：墙纸粉； 6. 防护材料种类：醇酸清漆一遍； 7. 面层材料品种、规格、品牌、颜色：530mm 宽对花	m^2	39.62			
6	011403005006	挂镜线、窗帘棍、单独木线油漆	1. 腻子种类：桐油灰腻子； 2. 刮腻子要求：铲去脂囊，修补，砂纸打磨漆片点节疤；干性油打底，满刮腻子； 3. 油漆体单位展开面积：横截面展开尺寸×木线条长度； 4. 防护材料种类：木线条防火涂料三遍； 5. 油漆品种、刷漆遍数：调和漆三遍	m	19.44			
合　计								

注：为计取规费等的使用，可在表中增设“其中：定额人工费”。

8.3.3　清单工程量计算

图 8-1 中，木门油漆清单工程量计算如下：

门油漆清单工程量＝设计图示数量＝20 樘

图 8-2 中，抹灰面油漆清单工程量计算如下：

根据表 8-1 门洞处开口墙面面积为：

1.0×2.1＋1.5×2.7×2（双面）＋0.9×2.1×2＝13.98（m^2）

根据表 8-1 窗洞处开口墙面面积为：

1.2×1.2＋1.5×1.8×2＝6.84（m^2）

附墙柱增加面积为：

0.12×2.8×2＝0.67（m^2）

墙面墙漆清单工程量＝[(3－0.24)＋(5.1－0.24)]×2×2.8＋[(4.2－0.24)＋(3.3－0.18)]×2×2.8－13.98－6.84＋0.67＝62.17（m^2）

图 8-3 中，墙面、天棚喷刷涂料清单工程量计算如下：

墙面喷刷涂料清单工程量＝(5.76＋3.36)×2×2.20－1.00×(2.70－1.00)－1.50×1.80＝35.73（m^2）

天棚喷刷涂料清单工程量＝5.76×3.35＝19.30（m^2）

图 8-4 中，挂镜线、窗帘棍、单独木线条油漆清单工程量计算如下：

清单工程量＝(6－0.12×2＋4.2－0.12×2)×2＝(5.76＋3.96)×2＝19.44（m）

图 8-4 中，墙纸裱糊清单工程量计算如下：

墙纸裱糊清单工程量＝(5.76＋3.96)×2×2.25－2×1.2－1.8×1.5＋6.6×0.08＋5.2×0.08＝41.74－2.4－2.7＋0.528＋0.448＝39.62（m^2）

8.4 工程量清单计价

8.4.1 前期准备

（1）门窗油漆

① 定额中的双层木门窗（单裁口）是指双层框扇，三层二玻一纱窗是指双层框三层扇。

② 定额中的单层木门刷油是按双面刷油考虑的。如采用单面刷油，其定额含量乘以系数 0.49 计算。

（2）木扶手装饰线油漆

① 定额中的木扶手油漆为不带托板考虑。

② 线条与所附着的基层同色同油漆的，不再单独计算线条油漆。

（3）喷刷涂料

① 天棚喷刷涂料除执行前文中 8.3 要求以外，其余涂料均按相应项目执行。

② 由于涂料品种繁多，如材料品种不同时，可以换算，人工、机械不变。

8.4.2 清单计价

依据图 8-1 至图 8-4 进行工程量清单计价，见表 8-3。

表 8-3　　**分部分项工程量清单与计价表**

工程名称：　13 规范清单计价（15 定额）简易计税工程项目【建筑与装饰工程】　　标段：

序号	项目编码	项目名称	项目特征描述	计量单位	工程量	金额(元)		
						综合单价	合价	其中 暂估价
1	011401001001	木门油漆	1. 门类型：全玻璃门； 2. 腻子种类：桐油灰腻子； 3. 刮腻子要求：铲去脂囊，修补，砂纸打磨漆片点节疤；干性油打底，满刮腻子； 4. 防护材料种类：木基层防火涂料三遍； 5. 油漆品种、刷漆遍数：调和漆三遍	樘面积(m^2)	20	26.89	537.80	
2	011406001002	抹灰面油漆	1. 基层类型：墙面一般抹灰面； 2. 腻子种类：成品腻子膏； 3. 刮腻子要求：清理基层，修补，砂纸打磨；满刮腻子两遍，找补两遍； 4. 油漆品种、刷漆遍数：调和漆两遍	m^2	25.94	10.35	268.48	
3	011407002003	天棚喷刷涂料	1. 基层类型：墙面一般抹灰面； 2. 腻子种类：石膏粉腻子； 3. 刮腻子要求：清理基层，修补，砂纸打磨；满刮腻子一遍，找补两遍； 4. 涂料品种、刷喷遍数：喷塑一塑三油	m^2	19.3	19.53	376.93	
4	011407001004	墙面喷刷涂料	1. 基层类型：墙面一般抹灰面； 2. 腻子种类：石膏粉腻子； 3. 刮腻子要求：清理基层，修补，砂纸打磨；满刮腻子一遍，找补两遍； 4. 涂料品种、刷喷遍数：喷塑一塑三油	m^2	35.73	18.30	653.86	
5	011408001005	墙纸裱糊	1. 基层类型：墙面一般抹灰面； 2. 裱糊构件部位：墙面、柱面； 3. 腻子种类：成品腻子膏； 4. 刮腻子要求：清理基层，修补，砂纸打磨；满刮腻子一遍，找补两遍； 5. 黏结材料种类：墙纸粉； 6. 防护材料种类：醇酸清漆一遍； 7. 面层材料品种、规格、品牌、颜色：530mm 宽对花	m^2	39.62	56.05	2220.70	

续表

序号	项目编码	项目名称	项目特征描述	计量单位	工程量	金额(元)		
						综合单价	合价	其中
								暂估价
6	011403005006	挂镜线、窗帘棍、单独木线油漆	1. 腻子种类：桐油灰腻子； 2. 刮腻子要求：铲去脂囊，修补，砂纸打磨漆片点节疤；干性油打底，满刮腻子； 3. 油漆体单位展开面积：横截面展开尺寸×木线条长度； 4. 防护材料种类：木线条防火涂料三遍； 5. 油漆品种、刷漆遍数：调和漆三遍	m	19.44	3.55	69.01	
合　计							4126.78	

注：为计取规费等的使用，可在表中增设“其中：定额人工费”。

8.4.3 定额工程量计算

(1) 门窗油漆

执行木门油漆的其他项目工程量，乘以以下系数，详见表 8-4。

执行木窗油漆的其他项目工程量，乘以以下系数，详见表 8-5。

表 8-4　　木门油漆的其他项目工程量

项 目 名 称	系　数	工程量计算方法
单层木门油漆	1.00	按设计图示单面洞口尺寸以面积计算
双层(一玻一纱)木门油漆	1.36	
双层(单裁口)木门油漆	2.00	
单层全玻门油漆	0.83	
木百叶门油漆	1.25	
厂、库房大门油漆	1.10	
装饰门扇	0.90	按扇外围面积计算

表 8-5　　木窗油漆的其他项目工程量

项 目 名 称	系　数	工程量计算方法
单层玻璃窗油漆	1.00	按设计图示单面洞口尺寸以面积计算
双层(一玻一纱)木窗油漆	1.36	
双层(单裁口)木窗油漆	2.00	
双层框三层(二玻一纱)木窗油漆	2.60	
单层组合窗油漆	0.83	
双层组合窗油漆	1.13	
木百叶窗油漆	1.50	

(2) 木扶手及其他板条、线条油漆

执行木扶手定额的其他项目工程量，乘以以下系数，详见表8-6。

（3）木材面油漆

执行木护墙、木墙裙油漆定额的其他项目工程量，乘以以下系数，详见表8-7。

（4）金属面油漆

执行平板屋面油漆定额的其他项目工程量，乘以以下系数，详见表8-8。

（5）抹灰面油漆

① 抹灰面油漆、涂料、满刮腻子（除另有规定和说明外）按设计图示尺寸以喷、刷面积计算。

表8-6　木扶手及其他板条、线条油漆

项目名称	系数	工程量计算方法
木扶手油漆(不带托板)	1.00	按设计图示尺寸以长度计算
木扶手油漆(带托板)	2.60	
窗帘盒油漆	2.04	
封檐板、博风板油漆	1.74	
挂衣板、黑板框、单独木线条油漆	0.52	
挂镜线、窗帘棍、单独木线条油漆	0.40	

表8-7　木护墙、木墙裙油漆定额的其他项目工程量

项目名称	系数	工程量计算方法
木护墙、木墙裙油漆	1.00	按设计图示尺寸以面积计算
木板、纤维板、胶合板天棚、门窗套	1.00	
窗台板、筒子板、盖板油漆	0.82	
清水板条天棚、檐口油漆	1.07	
木方格吊顶天棚油漆	1.20	
鱼鳞板墙油漆	2.48	
吸音板墙面、天棚面油漆	0.87	
木间壁、木隔断油漆	1.90	按设计图示尺寸以单面外围面积设计
玻璃间壁露明墙筋油漆	1.65	
木栅栏、木栏杆(带扶手)油漆	1.82	
衣柜、壁柜油漆	1.00	按设计图示尺寸以油漆部分展开面积计算
梁、柱饰面油漆	1.00	
零星木装修油漆	0.87	

表8-8　平板屋面油漆定额的其他项目工程量

项目名称	系数	工程量计算方法
平板屋面油漆	1.00	斜长×宽
瓦楞板屋面油漆	1.20	
排水、伸缩缝盖板油漆	1.05	展开面积
吸气罩油漆	2.20	水平投影面积
包镀锌铁皮门油漆	2.20	洞口面积

② 以下的抹灰面油漆计算方法仅供参考，不作为办理结算的依据，详见表 8-9。

表 8-9　　抹灰面油漆计算方法

项目名称	系数	工程量计算方法
楼地面、天棚、墙、柱、梁面油漆	1.00	展开面积
混凝土楼梯底油漆(斜平顶)	1.30	水平投影面积(包括休息平台)
混凝土楼梯底油漆(锯齿形)	1.50	水平投影面积(包括休息平台)
混凝土花格窗、栏杆花饰油漆	1.82	单面外围面积

(6) 裱糊工程

按设计图示尺寸以面积计算。

(7) 定额工程量计算

图 8-1 至图 8-5 相关项目定额工程量计算如下：

① 木门油漆定额工程量＝1.5×2.4×20＝72 (m^2)

② 墙面墙漆定额工程量＝[(3－0.24)＋(5.1－0.24)]×2×2.8＋[(4.2－0.24)＋(3.3－0.18)]×2×2.8－13.98－6.84＋0.67
＝62.17 (m^2)

③ 墙面刮腻子定额工程量＝[(3－0.24)＋(5.1－0.24)]×2×2.8＋[(4.2－0.24)＋(3.3－0.18)]×2×2.8－13.98－6.84＋0.67
＝62.17 (m^2)

④ 墙面喷刷涂料定额工程量＝(5.76＋3.36)×2×2.20－1.00×(2.70－1.00)－1.50×1.80＝35.73 (m^2)

⑤ 天棚喷刷涂料定额工程量＝5.76×3.35＝19.30 (m^2)

⑥ 挂镜线、窗帘棍、单独木线条油漆定额工程量＝(6－0.12×2＋4.2－0.12×2)×2
＝(5.76＋3.96)×2＝19.44 (m)

⑦ 墙纸裱糊定额工程量＝(5.76＋3.96)×2×2.25－2×1.2－1.8×1.5＋6.6×0.08＋5.2×0.08＝41.74－2.4－2.7＋0.528＋0.448
＝39.62 (m^2)

8.4.4　综合单价分析表

综合单价分析见表 8-10 至表 8-14。

表 8-10　　　　**综合单价分析表（1）**

工程名称：13 规范清单计价（15 定额）简易计税工程项目【建筑与装饰工程】　　　　标段：

项目编码		(1) 011505010001		项目名称		镜面玻璃		计量单位	m^2	工程量	0.4
清单综合单价组成明细											
定额编号	定额项目名称	定额单位	数量	单价				合价			
				人工费	材料费	机械费	管理费和利润	人工费	材料费	机械费	管理费和利润
AQ0076	镜面玻璃 面积≤$1m^2$ 带柜	$10m^2$	0.1	418.95	1336.45		125.65	41.90	133.65		12.57
人工单价		小　　计						41.90	133.65		12.57
元/工日		未计价材料费									
清单项目综合单价								188.12			
材料费明细	主要材料名称、规格、型号					单位	数量	单价（元）	合价（元）	暂估单价（元）	暂估合价（元）
	锯材 综合					m^3	0.012	1200.00	14.40		
	胶合板 3mm					m^2	1.05	10.00	10.50		
	成品镜面 车边					m^2	1.18	50.00	59.00		
	金属角线 30×12×2					m	5.723	3.00	17.17		
	其他材料费							—	32.58	—	
	材料费小计							—	133.65	—	

表 8-11　　综合单价分析表（2）

工程名称：13规范清单计价（15定额）简易计税工程项目【建筑与装饰工程】　　标段：

项目编码		(2) 011507001002		项目名称		平面、箱式招牌	计量单位	m^2	工程量	29.6
清单综合单价组成明细										
定额编号	定额项目名称	定额单位	数量	单价				合价		
				人工费	材料费	机械费	管理费和利润	人工费	材料费	机械费	管理费和利润
AQ0086	平面招牌 木结构 一般	$10m^2$	0.1	252.70	495.36	12.12	79.44	25.27	49.54	1.21	7.94
人工单价		小　计						25.27	49.54	1.21	7.94
元/工日		未计价材料费									
清单项目综合单价								83.96			
材料费明细	主要材料名称、规格、型号					单位	数量	单价（元）	合价（元）	暂估单价（元）	暂估合价（元）
	锯材 综合					m^3	0.029	1200.00	34.80		
	其他材料费							—	14.74	—	
	材料费小计							—	49.54	—	

表 8-12　　　　综合单价分析表（3）

工程名称：13 规范清单计价（15 定额）简易计税工程项目【建筑与装饰工程】　　　　标段：

<table>
<tr><td colspan="2">项目编码</td><td colspan="2">（3）
011502004003</td><td colspan="2">项目名称</td><td colspan="2">石膏装饰线</td><td>计量单位</td><td>m</td><td>工程量</td><td>5</td></tr>
<tr><td colspan="12">清单综合单价组成明细</td></tr>
<tr><td rowspan="2">定额编号</td><td rowspan="2">定额项目名称</td><td rowspan="2">定额单位</td><td rowspan="2">数量</td><td colspan="4">单价</td><td colspan="4">合价</td></tr>
<tr><td>人工费</td><td>材料费</td><td>机械费</td><td>管理费和利润</td><td>人工费</td><td>材料费</td><td>机械费</td><td>管理费和利润</td></tr>
<tr><td>AQ0020</td><td>木装饰条
宽≤60mm</td><td>100m</td><td>0.01</td><td>198.95</td><td>202.02</td><td></td><td>59.67</td><td>1.99</td><td>2.02</td><td></td><td>0.60</td></tr>
<tr><td></td><td></td><td></td><td></td><td></td><td></td><td></td><td></td><td></td><td></td><td></td><td></td></tr>
<tr><td colspan="2">人工单价</td><td colspan="6">小　　计</td><td>1.99</td><td>2.02</td><td></td><td>0.60</td></tr>
<tr><td colspan="2">元/工日</td><td colspan="6">未计价材料费</td><td colspan="4"></td></tr>
<tr><td colspan="8">清单项目综合单价</td><td colspan="4">4.61</td></tr>
<tr><td rowspan="4">材料费明细</td><td colspan="5">主要材料名称、规格、型号</td><td>单位</td><td>数量</td><td>单价（元）</td><td>合价（元）</td><td>暂估单价（元）</td><td>暂估合价（元）</td></tr>
<tr><td colspan="5">装饰木条 19×60</td><td>m</td><td>1.06</td><td>1.80</td><td>1.91</td><td></td><td></td></tr>
<tr><td colspan="7">其他材料费</td><td>—</td><td>0.11</td><td>—</td><td></td></tr>
<tr><td colspan="7">材料费小计</td><td>—</td><td>2.02</td><td>—</td><td></td></tr>
</table>

表 8-13　　综合单价分析表（4）

工程名称：13 规范清单计价（15 定额）简易计税工程项目【建筑与装饰工程】　　标段：

<table>
<tr><td colspan="2">项目编码</td><td colspan="2">（4）
011508001004</td><td colspan="2">项目名称</td><td colspan="2">泡沫塑料字</td><td>计量单位</td><td>个</td><td>工程量</td><td>2</td></tr>
<tr><td colspan="12">清单综合单价组成明细</td></tr>
<tr><td rowspan="2">定额编号</td><td rowspan="2">定额项目名称</td><td rowspan="2" colspan="2">定额单位</td><td rowspan="2">数量</td><td colspan="4">单价</td><td colspan="3">合价</td></tr>
<tr><td>人工费</td><td>材料费</td><td>机械费</td><td>管理费和利润</td><td>人工费</td><td>材料费</td><td>机械费</td><td>管理费和利润</td></tr>
<tr><td>AQ0106</td><td>泡沫塑料字
每字面积
≤0.5m²
其他面</td><td colspan="2">10 个</td><td>0.1</td><td>362.70</td><td>440.50</td><td></td><td>108.78</td><td>36.27</td><td>44.05</td><td></td><td>10.88</td></tr>
<tr><td></td><td></td><td colspan="2"></td><td></td><td></td><td></td><td></td><td></td><td></td><td></td><td></td><td></td></tr>
<tr><td colspan="2">人工单价</td><td colspan="7">小　　计</td><td>36.27</td><td>44.05</td><td></td><td>10.88</td></tr>
<tr><td colspan="2">元/工日</td><td colspan="7">未计价材料费</td><td colspan="4"></td></tr>
<tr><td colspan="9">清单项目综合单价</td><td colspan="4">91.20</td></tr>
<tr><td rowspan="4">材料费明细</td><td colspan="5">主要材料名称、规格、型号</td><td>单位</td><td>数量</td><td>单价（元）</td><td>合价（元）</td><td>暂估单价（元）</td><td>暂估合价（元）</td></tr>
<tr><td colspan="5">泡沫塑料有机玻璃字 0.5m²</td><td>个</td><td>1.01</td><td>40.00</td><td>40.40</td><td></td><td></td></tr>
<tr><td colspan="7">其他材料费</td><td>—</td><td>3.65</td><td>—</td><td></td></tr>
<tr><td colspan="7">材料费小计</td><td>—</td><td>44.05</td><td>—</td><td></td></tr>
</table>

表 8-14　　　　**综合单价分析表（5）**

工程名称：13 规范清单计价（15 定额）简易计税工程项目【建筑与装饰工程】　　　　标段：

项目编码		(5) 011503002005		项目名称		硬木扶手、栏杆、栏板	计量单位	m	工程量	5
清单综合单价组成明细										
定额编号	定额项目名称	定额单位	数量	单价				合价		
				人工费	材料费	机械费	管理费和利润	人工费	材料费	机械费	管理费和利润
AQ0057	木扶手型钢栏杆	10m	0.1	369.46	589.74	70.11	131.92	36.95	58.97	7.01	13.19
人工单价		小　计						36.95	58.97	7.01	13.19
元/工日		未计价材料费									
清单项目综合单价								116.12			

材料费明细	主要材料名称、规格、型号	单位	数量	单价（元）	合价（元）	暂估单价（元）	暂估合价（元）
	一等锯材(干)	m^3	0.011	1300.00	14.30		
	扁钢 综合	t	0.005	4000.00	20.00		
	圆钢>ϕ10	t	0.005	4000.00	20.00		
	其他材料费			—	4.67	—	
	材料费小计			—	58.97	—	

项目九　其他装饰工程的计量与计价

9.1　教学实施方案

本项目主要介绍装饰工程中其他工程的计量与计价。其他工程包括柜台类、货架、试衣间，浴厕配件，压条、装饰线，雨篷、旗杆，广告牌、灯箱、美术字，开（钻）孔、封洞、石材磨边及开槽、拆除工程等。要求学生熟悉其他工程的施工工艺和流程，并能正确计算其工程量。

学习目标

了解其他工程的结构层次及工程做法；

熟悉相关定额及清单规范；

掌握其他工程工程量计算的方法；

掌握其他工程工程清单编制及计价方法。

教学手段与方法

案例法、讲授法、示范法。

9.2　项目相关知识

9.2.1　前期准备

《GB 50500—2013 建设工程工程量清单计价规范》；

《GB 50854—2013 房屋建筑与装饰工程工程量计算规范》；

2015 年《四川省建设工程工程量清单计价定额》。

9.2.2　识读装饰施工图

详见图 9-1 至图 9-5。

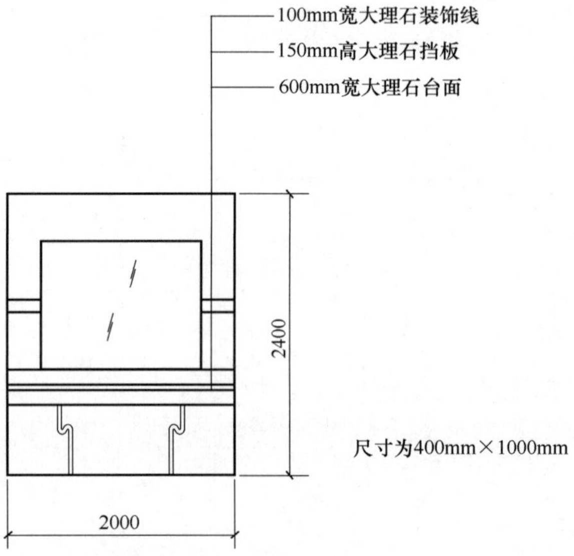

图 9-1　某卫生间镜面玻璃

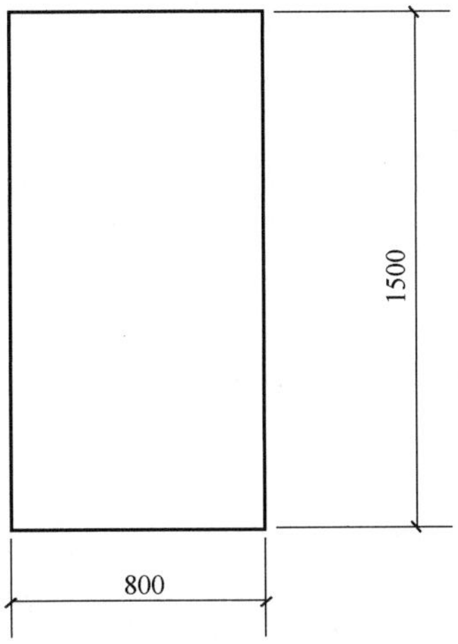

图 9-2　某灯箱立面投影图

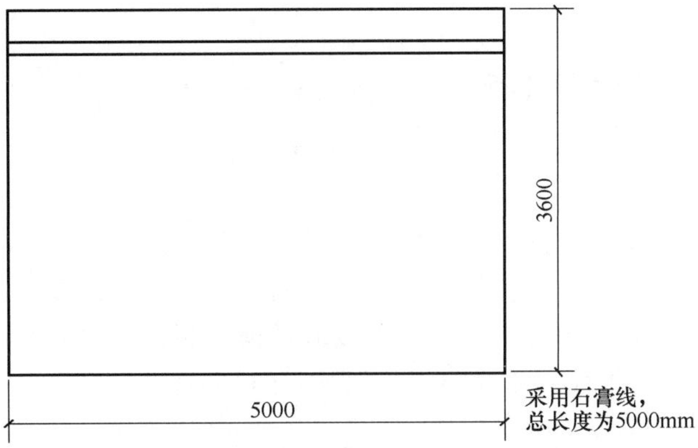

图 9-3　某装饰墙面挂镜线

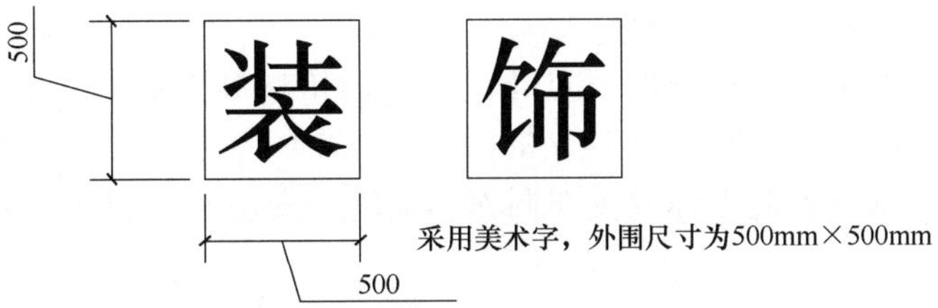

图 9-4　某装饰公司店面招牌

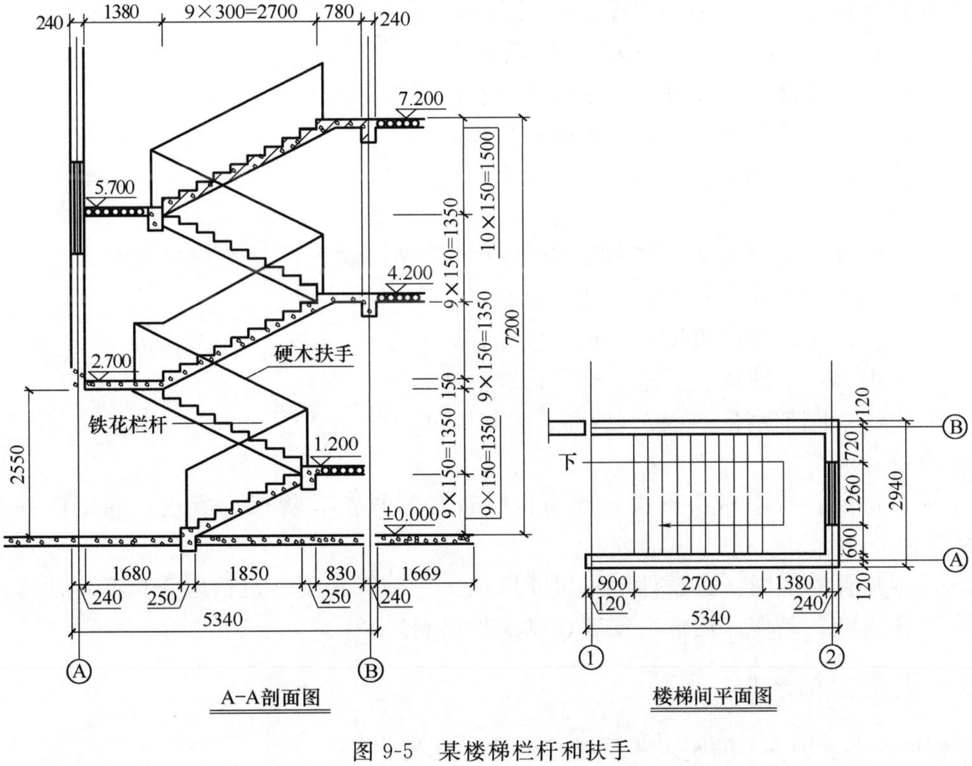

图 9-5　某楼梯栏杆和扶手

9.3 编制工程量清单

9.3.1 前期准备

(1) 镜面玻璃（编号：011505010）

① 单位：m^2。

② 项目特征：镜面玻璃品种、规格：5mm 厚 1000mm×400mm 成品镜面。

③ 工程量计算规则：按设计图示尺寸以边框外围面积计算。

④ 工作内容：基层安装玻璃及框；制作运输安装。

(2) 平面、箱式招牌（编号：011507001）

① 单位：m^2。

② 项目特征：箱体规格：1500mm×800mm×300mm；基层材料种类：角钢和木龙骨（规格及间距按设计）；面层材料种类：15mm 厚木工板；防护材料种类：角钢刷防锈漆两遍、龙骨刷防火涂料两遍；油漆品种、刷漆遍数：满刮腻子两遍、调和漆两遍。

③ 工程量计算规则：按设计图示尺寸以正立面边框外围面积计算。复杂的凹凸造型部分不增加面积。

④ 工作内容：基层安装箱体及支架制作、运输、安装面层制作、安装；刷防护材料、油漆。

(3) 石膏装饰线（编号：011502004）

① 单位：m。

② 项目特征：基层类型：砂浆面；线条材料品种、规格、颜色：60mm 宽线条；油漆品种、刷漆遍数：满刮腻子一遍、乳胶漆两遍。

③ 工程量计算规则：按设计图示尺寸以长度计算。

④ 工作内容：线条制作安装；刷防护材料。

(4) 泡沫塑料字（编号：011508001）

① 单位：个。

② 项目特征：基层类型：铝塑；镌字材料品种、颜色：红色泡沫塑料；字体规格：外接矩形 500mm×500mm；固定方式：粘贴。

③ 工程量计算规则：按设计图示个数计算。

④ 工作内容：字制作、运输、安装；刷油漆。

(5) 硬木扶手带栏杆、栏板（编号：011503002）

① 单位：m。

② 项目特征：扶手材料种类、规格；栏板材料种类、规格、颜色；固定配件种类；防护材料种类。

③ 工程量计算规则：按设计图示尺寸以扶手中心线长度（包括弯头长度）计算。

④ 工作内容：制作；运输；安装；刷防护材料。

9.3.2 编制招标清单

依据图 9-1 至图 9-5 编制工程量招标清单，见表 9-1。

表 9-1 **分部分项工程量清单与计价表**

工程名称：13 规范清单计价（15 定额）增值税工程项目【建筑与装饰工程】 标段：

序号	项目编码	项目名称	项目特征描述	计量单位	工程量	金额(元)		
						综合单价	合价	其中 暂估价
1	011505010001	镜面玻璃	镜面玻璃品种、规格：5mm 厚 1000mm×400mm 成品镜面	m^2	0.4			
2	011507001002	平面、箱式招牌	箱体规格：1500mm×800mm×300mm；基层材料种类：角钢和木龙骨(规格及间距按设计)；面层材料种类：15mm 厚木工板；防护材料种类：角钢刷防锈漆两遍、龙骨刷防火涂料两遍；油漆品种、刷漆遍数：满刮腻子两遍、调和漆两遍	m^2	29.6			
3	011502004003	石膏装饰线	基层类型：砂浆面；线条材料品种、规格、颜色：60mm 宽线条；油漆品种、刷漆遍数：满刮腻子一遍、乳胶漆两遍	m	5			
4	011508001004	泡沫塑料字	基层类型：铝塑；镌字材料品种、颜色：红色泡沫塑料；字体规格：外接矩形 500mm×500mm；固定方式：粘贴	个	2			
5	011503002005	硬木扶手、栏杆、栏板	扶手材料种类、规格；栏板材料种类规格；栏板材料种类、规格、颜色；固定配件种类；防护材料种类	m	5			
合计								

注：为计取规费等的使用，可在表中增设“其中：定额人工费”。

9.3.3 清单工程量计算

图 9-1 镜面玻璃清单工程量计算如下：

清单工程量＝0.4×1＝0.4（m^2）

图 9-2 灯箱清单工程量计算如下：

清单工程量＝0.8×1.5×2＋0.3×0.8×2＋1.5×0.3×2＝3.78（m^2）

图 9-3 墙面挂镜线采用石膏线清单工程量计算如下：

石膏装饰线延长米＝5m

图 9-4 美术字清单工程量计算如下：

清单工程量＝2 个

图 9-5 楼梯栏杆、扶手清单工程量计算如下：

清单工程量＝[2.1＋(2.1＋0.6)＋0.3×9＋0.3×10＋0.3×10]×1.118＋0.6＋(1.2＋0.06)＋0.06×4＝17.19（m）

9.4 工程量清单计价

9.4.1 前期准备

(1) 一般说明

本章项目材质相同而规格品种不同时，可以换算。

(2) 扶手、栏杆、栏板

栏杆、栏板、扶手项目适用于楼梯、走廊、回廊及其他装饰性栏杆、栏板和扶手，实际使用材料、规格、耗量与定额不同时，允许换算。

(3) 平面、箱式招牌

① 平面招牌是指安装在门前的墙面上；箱式招牌、竖式标箱是指六面体固定在墙体上。沿雨篷、檐口、阳台走向立式招牌，套用平面招牌的复杂项目。

② 一般招牌和矩形招牌是指正立面平整无凸出面，复杂招牌和异形招牌是指正立面有凸起或造型。招牌的灯饰均不包括在定额内。

③ 招牌的面层套用天棚相应面层项目，其人工费乘以系数 0.8。

(4) 美术字

① 美术字不分字体均执行本定额。

② 其他面指铝合金扣板面、钙塑板面。

(5) 压条、装饰条

① 木装饰线、石膏装饰线、石材装饰线均以成品安装为准。

② 石材磨边、台面开孔项目均为现场磨制。

③ 如在天棚面上钉直形装饰条者，其人工乘以系数 1.34；钉弧形装饰条者，其人工乘以系数 1.6，材料乘以系数 1.1。

④ 墙面安装弧形装饰线条者，人工乘以系数 1.2，材料乘以系数 1.1。

⑤ 装饰线条做图案者，人工乘以系数 1.8 ，材料乘以系数 1.1。

9.4.2 清单计价

依据图 9-1 至图 9-5 进行工程量清单计价，见表 9-2。

表 9-2　　**分部分项工程量清单与计价表**

工程名称：13 规范清单计价（15 定额）简易计税工程项目【建筑与装饰工程】　　标段：

序号	项目编码	项目名称	项目特征描述	计量单位	工程量	金额(元)		
						综合单价	合价	其中
								暂估价
1	011505010001	镜面玻璃	镜面玻璃品种、规格：5mm 厚 1000mm×400mm 成品镜面	m^2	0.4	188.11	75.24	
2	011507001002	平面、箱式招牌	箱体规格：1500mm×800mm×300mm；基层材料种类：角钢和木龙骨(规格及间距按设计)；面层材料种类：15mm 厚木工板；防护材料种类：角钢刷防锈漆两遍、龙骨刷防火涂料两遍；油漆品种、刷漆遍数：满刮腻子两遍、调和漆两遍	m^2	3.78	83.96	317.37	
3	011502004003	石膏装饰线	基层类型：砂浆面；线条材料品种、规格、颜色：60mm 宽线条；油漆品种、刷漆遍数：满刮腻子一遍、乳胶漆两遍	m	5	4.61	23.05	
4	011508001004	泡沫塑料字	基层类型：铝塑；镌字材料品种、颜色：红色泡沫塑料；字体规格：外接矩形 500mm×500mm；固定方式：粘贴	个	2	91.20	182.40	
5	011503002005	硬木扶手、栏杆、栏板	扶手材料种类、规格；栏板材料种类规格；栏板材料种类、规格、颜色；固定配件种类；防护材料种类	m	5	116.12	580.60	
合　计							1178.66	

注：为计取规费等的使用，可在表中增设“其中：定额人工费”。

9.4.3　定额工程量计算

(1) 硬木扶手带栏杆、栏板

栏杆、栏板、扶手按设计图示尺寸以扶手中心线长度（包括弯头长度）计算。

(2) 平面、箱式招牌

平面招牌基层按正立面面积计算，复杂形凹凸造型部分不增减。

箱式招牌和竖式标箱基层按外围体积计算。凸出箱外的灯饰、店徽及其他艺术装潢等，另行计算。

(3) 压条、装饰线

压条、装饰线均按延长米计算。

(4) 美术字

美术字安装按字的最大外接矩形面积以“个”计算。

(5) 镜面玻璃

镜面玻璃按设计图示尺寸以边框外围面积计算。

（6）定额工程量计算

图 9-1 至图 9-5 定额工程量计算如下：

① 泡沫塑料字定额工程量＝2 个。

② 平面、箱式招牌定额工程量＝0.8×1.5×2＋0.3×0.8×2＋1.5×0.3×2＝3.78（m^2）

③ 镜面玻璃定额工程量＝0.4×1＝0.4（m^2）

④ 石膏装饰线定额工程量＝5（m）

⑤ 楼梯栏杆、扶手定额工程量＝[2.1＋(2.1＋0.6)＋0.3×9＋0.3×10＋0.3×10]×1.118＋0.6＋(1.2＋0.06)＋0.06×4＝17.19（m）

9.4.4 综合单价分析表

综合单价分析表见表 9-3 至表 9-7。

表 9-3 **综合单价分析表（1）**

工程名称：13 规范清单计价（15 定额）简易计税工程项目【建筑与装饰工程】 标段：

项目编码		(1) 011505010001		项目名称	镜面玻璃	计量单位	m^2	工程量	0.4
清单综合单价组成明细									
定额编号	定额项目名称	定额单位	数量	单价				合价			
				人工费	材料费	机械费	管理费和利润	人工费	材料费	机械费	管理费和利润
AQ0076	镜面玻璃面积≤$1m^2$带柜	$10m^2$	0.1	418.95	1336.45		125.65	41.90	133.65		12.57
人工单价		小计						41.90	133.65		12.57
元/工日		未计价材料费									
清单项目综合单价								188.12			
材料费明细	主要材料名称、规格、型号				单位	数量	单价（元）	合价（元）	暂估单价（元）	暂估合价（元）	
	锯材 综合				m^2	0.012	1200.00	14.40			
	胶合板 3mm				m^2	1.05	10.00	10.50			
	成品镜面 车边				m^2	1.18	50.00	59.00			
	金属角线 30×12×2				m	5.723	3.00	17.17			
	其他材料费						—	32.58	—		
	材料费小计						—	133.65	—		

表 9-4　　综合单价分析表（2）

工程名称：13 规范清单计价（15 定额）简易计税工程项目【建筑与装饰工程】　　标段：

<table>
<tr><td colspan="2">项目编码</td><td>(2)
011507001002</td><td>项目名称</td><td colspan="2">平面、箱式招牌</td><td>计量单位</td><td>m^2</td><td>工程量</td><td>3.78</td></tr>
<tr><td colspan="12">清单综合单价组成明细</td></tr>
<tr><td rowspan="2">定额编号</td><td rowspan="2">定额项目名称</td><td rowspan="2">定额单位</td><td rowspan="2">数量</td><td colspan="4">单价</td><td colspan="4">合价</td></tr>
<tr><td>人工费</td><td>材料费</td><td>机械费</td><td>管理费和利润</td><td>人工费</td><td>材料费</td><td>机械费</td><td>管理费和利润</td></tr>
<tr><td>AQ0086</td><td>平面招牌木结构</td><td>$10m^2$</td><td>0.1</td><td>252.70</td><td>495.36</td><td>12.12</td><td>79.44</td><td>25.27</td><td>49.54</td><td>1.21</td><td>7.94</td></tr>
<tr><td></td><td></td><td></td><td></td><td></td><td></td><td></td><td></td><td></td><td></td><td></td><td></td></tr>
<tr><td colspan="2">人工单价</td><td colspan="6">小　计</td><td>25.27</td><td>49.54</td><td>1.21</td><td>7.94</td></tr>
<tr><td colspan="2">元/工日</td><td colspan="6">未计价材料费</td><td colspan="4"></td></tr>
<tr><td colspan="8">清单项目综合单价</td><td colspan="4">83.96</td></tr>
<tr><td rowspan="4">材料费明细</td><td colspan="5">主要材料名称、规格、型号</td><td>单位</td><td>数量</td><td>单价（元）</td><td>合价（元）</td><td>暂估单价（元）</td><td>暂估合价（元）</td></tr>
<tr><td colspan="5">锯材 综合</td><td>m^3</td><td>0.029</td><td>1200.00</td><td>34.80</td><td></td><td></td></tr>
<tr><td colspan="7">其他材料费</td><td>—</td><td>14.74</td><td>—</td><td></td></tr>
<tr><td colspan="7">材料费小计</td><td>—</td><td>49.54</td><td>—</td><td></td></tr>
</table>

表 9-5 **综合单价分析表（3）**

工程名称：13 规范清单计价（15 定额）简易计税工程项目【建筑与装饰工程】 标段：

<table>
<tr><td colspan="2">项目编码</td><td colspan="2">(3)
011502004003</td><td>项目名称</td><td colspan="2">石膏装饰线</td><td>计量单位</td><td>m</td><td>工程量</td><td>5</td></tr>
<tr><td colspan="12">清单综合单价组成明细</td></tr>
<tr><td rowspan="2">定额编号</td><td rowspan="2">定额项目名称</td><td rowspan="2">定额单位</td><td rowspan="2">数量</td><td colspan="4">单价</td><td colspan="4">合价</td></tr>
<tr><td>人工费</td><td>材料费</td><td>机械费</td><td>管理费和利润</td><td>人工费</td><td>材料费</td><td>机械费</td><td>管理费和利润</td></tr>
<tr><td>AQ0020</td><td>木装饰条
宽≤60mm</td><td>100m</td><td>0.01</td><td>198.95</td><td>202.02</td><td></td><td>59.67</td><td>1.99</td><td>2.02</td><td></td><td>0.60</td></tr>
<tr><td></td><td></td><td></td><td></td><td></td><td></td><td></td><td></td><td></td><td></td><td></td><td></td></tr>
<tr><td colspan="2">人工单价</td><td colspan="6">小　计</td><td>1.99</td><td>2.02</td><td></td><td>0.60</td></tr>
<tr><td colspan="2">元/工日</td><td colspan="6">未计价材料费</td><td colspan="4"></td></tr>
<tr><td colspan="8">清单项目综合单价</td><td colspan="4">4.61</td></tr>
<tr><td rowspan="4">材料费明细</td><td colspan="5">主要材料名称、规格、型号</td><td>单位</td><td>数量</td><td>单价（元）</td><td>合价（元）</td><td>暂估单价（元）</td><td>暂估合价（元）</td></tr>
<tr><td colspan="5">装饰木条 19×60</td><td>m</td><td>1.06</td><td>1.80</td><td>1.91</td><td></td><td></td></tr>
<tr><td colspan="7">其他材料费</td><td>—</td><td>0.11</td><td>—</td><td></td></tr>
<tr><td colspan="7">材料费小计</td><td>—</td><td>2.02</td><td>—</td><td></td></tr>
</table>

表 9-6　　综合单价分析表（4）

工程名称：13 规范清单计价（15 定额）简易计税工程项目【建筑与装饰工程】　　标段：

<table>
<tr><td colspan="2">项目编码</td><td>(4)
011508001004</td><td>项目名称</td><td colspan="2">泡沫塑料字</td><td>计量单位</td><td>个</td><td>工程量</td><td>2</td></tr>
<tr><td colspan="12">清单综合单价组成明细</td></tr>
<tr><td rowspan="2">定额编号</td><td rowspan="2">定额项目名称</td><td rowspan="2">定额单位</td><td rowspan="2">数量</td><td colspan="4">单价</td><td colspan="4">合价</td></tr>
<tr><td>人工费</td><td>材料费</td><td>机械费</td><td>管理费和利润</td><td>人工费</td><td>材料费</td><td>机械费</td><td>管理费和利润</td></tr>
<tr><td>AQ0106</td><td>泡沫塑料字每字面积≤0.5m²其他面</td><td>10 个</td><td>0.1</td><td>362.70</td><td>440.50</td><td></td><td>108.78</td><td>36.27</td><td>44.05</td><td></td><td>10.88</td></tr>
<tr><td></td><td></td><td></td><td></td><td></td><td></td><td></td><td></td><td></td><td></td><td></td><td></td></tr>
<tr><td colspan="2">人工单价</td><td colspan="6">小　　计</td><td>36.27</td><td>44.05</td><td></td><td>10.88</td></tr>
<tr><td colspan="2">元/工日</td><td colspan="6">未计价材料费</td><td colspan="4"></td></tr>
<tr><td colspan="8">清单项目综合单价</td><td colspan="4">91.20</td></tr>
<tr><td rowspan="4">材料费明细</td><td colspan="5">主要材料名称、规格、型号</td><td>单位</td><td>数量</td><td>单价（元）</td><td>合价（元）</td><td>暂估单价（元）</td><td>暂估合价（元）</td></tr>
<tr><td colspan="5">泡沫塑料有机玻璃字 0.5m²</td><td>个</td><td>1.01</td><td>40.00</td><td>40.40</td><td></td><td></td></tr>
<tr><td colspan="7">其他材料费</td><td>—</td><td>3.65</td><td>—</td><td></td></tr>
<tr><td colspan="7">材料费小计</td><td>—</td><td>44.05</td><td>—</td><td></td></tr>
</table>

表 9-7　　　　　　　　　综合单价分析表（5）

工程名称：13 规范清单计价（15 定额）简易计税工程项目【建筑与装饰工程】　　　　标段：

项目编码	(5) 011503002005		项目名称		硬木扶手、栏杆、栏板		计量单位	m	工程量	5
清单综合单价组成明细										
定额编号	定额项目名称	定额单位	数量	单价				合价		
				人工费	材料费	机械费	管理费和利润	人工费	材料费	机械费	管理费和利润
AQ0057	木扶手型钢栏杆	10m	0.1	369.46	589.74	70.11	131.92	36.95	58.97	7.01	13.19
人工单价		小　　计						36.95	58.97	7.01	13.19
元/工日		未计价材料费									
清单项目综合单价								116.12			
材料费明细	主要材料名称、规格、型号				单位	数量		单价（元）	合价（元）	暂估单价（元）	暂估合价（元）
	一等锯材（干）				m^3	0.011		1300.00	14.30		
	扁钢 综合				t	0.005		4000.00	20.00		
	圆钢＞ϕ10				t	0.005		4000.00	20.00		
	其他材料费							—	4.67	—	
	材料费小计							—	58.97	—	

附录 1　招标控制价清单计价表的样表格式

13 规范清单计价（15 定额）增值税工程项目＿＿＿＿工程

招标控制价

招　标　人：＿＿＿＿＿＿＿＿＿＿＿＿＿＿＿＿

（单位盖章）

造价咨询人：＿＿＿＿＿＿＿＿＿＿＿＿＿＿＿＿

（单位盖章）

13 规范清单计价（15 定额）增值税工程项目＿＿＿＿工程

招标控制价

招标控制价(小写)：＿＿＿＿＿＿元＿＿＿＿＿＿

(大写)：＿＿＿＿＿＿＿＿＿＿＿＿

招　标　人：＿＿＿＿＿＿＿＿ (单位盖章)	造价咨询人：＿＿＿＿＿＿＿＿ (单位资质专用章)
法定代表人	法定代表人
或其授权人：＿＿＿＿＿＿＿＿ (签字或盖章)	或其授权人：＿＿＿＿＿＿＿＿ (签字或盖章)
编　制　人：＿＿＿＿＿＿＿＿ (造价人员签字盖专用章)	复　核　人：＿＿＿＿＿＿＿＿ (造价工程师签字盖专用章)
编 制 时 间：	复 核 时 间：

附表 1-1

总　说　明

工程名称：13 规范清单计价（15 定额）增值税工程项目　　　　第 1 页　共 1 页

1. 工程概况
   建设规模：
   工程特征：
   计划工期：
   施工现场及变化情况：
   自然地理条件：
   环境保护要求：
2. 工程招标和分包范围
3. 工程量清单编制依据
4. 工程质量、材料、施工等的特殊要求
5. 其他需说明的问题

表-01

附表 1-2

建设项目招标控制价汇总表

工程名称：13 规范清单计价（15 定额）增值税工程项目　　　　第 1 页　共 1 页

序号	单项工程名称	金额(元)	其中:(元)		
			暂估价	安全文明施工费	规费
	单项工程 1				
合　计					

注：本表适用于建设项目招标控制价或投标报价的汇总。

表-02

附表 1-3

单项工程招标控制价汇总表

工程名称：13 规范清单计价（15 定额）增值税工程项目＼单项工程 1　　　　第 1 页　共 1 页

序号	单项工程名称	金额(元)	其中:(元)		
			暂估价	安全文明施工费	规费
1	建筑与装饰工程		0.00	0.00	0.00
合　计					

注：本表适用于单项工程招标控制价或投报价的汇总。暂估价包括分部分项工程中的暂估价和专业工程暂估价。　　表-03

附表 1-4　　**单位工程招标控制价汇总表**

工程名称：13 规范清单计价（15 定额）增值税工程项目＼单项工程 1【建筑与装饰工程】　　标段：　　第 1 页　共 1 页

序　号	汇 总 内 容	金额(元)	其中:暂估价(元)
1	分部分项及单价措施项目		
2	总价措施项目		—
2.1	其中:安全文明施工费		—
3	其他项目		—
3.1	其中:暂列金额		—
3.2	其中:专业工程暂估价		—
3.3	其中:计日工		—
3.4	其中:总承包服务费		—
4	规费		—
5	创优质工程奖补偿奖励费		—
6	税前工程造价		—
6.1	其中:甲供材料(设备)费		—
7	销项增值税额		—
招标控制价/投标报价总价合计＝税前工程造价＋销项增值税额			

注：本表适用于单位工程招标控制价或投标报价的汇总，如无单位工程划分，单项工程也使用本表汇总。　　表-04

附表 1-5

分部分项工程量清单与计价表

工程名称：13 规范清单计价（15 定额）增值税工程项目\单项工程 1【建筑与装饰工程】　　标段：　　第 1 页　共 1 页

序号	项目编码	项目名称	项目特征描述	计量单位	工程量	金额(元)		
						综合单价	合价	其　中
								暂估价
本页小计								
合　计								

注：为计取规费等的使用，可在表中增设“其中：定额人工费”。

表-08

附表 1-6

单价措施项目清单与计价表

工程名称：13 规范清单计价（15 定额）增值税工程项目＼单项工程 1【建筑与装饰工程】　　标段：　　第 1 页　共 2 页

序号	项目编码	项目名称	项目特征描述	计量单位	工程量	金额（元）		
						综合单价	合价	其中 暂估价
		脚手架工程						
1	011701001001	综合脚手架	1. 建筑结构形式； 2. 檐口高度	m^2				
2	011701002001	外脚手架	1. 搭设方式； 2. 搭设高度； 3. 脚手架材质	m^2				
3	011701003001	里脚手架	1. 搭设方式； 2. 搭设高度； 3. 脚手架材质	m^2				
4	011701004001	悬空脚手架	1. 搭设方式； 2. 悬挑宽度； 3. 脚手架材质	m^2				
5	011701008001	外装饰吊篮	1. 升降方式及启动装置； 2. 搭设高度及吊篮型号	m^2				
		小计						
本页小计								

注：为计取规费等的使用，可在表中增设“其中：定额人工费”。

表-08

附表 1-7

综合单价分析表

工程名称：13 规范清单计价（15 定额）增值税工程项目\单项工程 1【建筑与装饰工程】　　标段：　　第 1 页　共 1 页

<table>
<tr><td colspan="2">项目编码</td><td colspan="2"></td><td colspan="2">项目名称</td><td colspan="2"></td><td>计量单位</td><td></td><td>工程量</td><td></td></tr>
<tr><td colspan="12">清单综合单价组成明细</td></tr>
<tr><td rowspan="2">定额编号</td><td rowspan="2">定额项目名称</td><td rowspan="2">定额单位</td><td rowspan="2">数量</td><td colspan="4">单价</td><td colspan="4">合价</td></tr>
<tr><td>人工费</td><td>材料费</td><td>机械费</td><td>管理费
和利润</td><td>人工费</td><td>材料费</td><td>机械费</td><td>管理费
和利润</td></tr>
<tr><td></td><td></td><td></td><td></td><td></td><td></td><td></td><td></td><td></td><td></td><td></td><td></td></tr>
<tr><td></td><td></td><td></td><td></td><td></td><td></td><td></td><td></td><td></td><td></td><td></td><td></td></tr>
<tr><td colspan="2">人工单价</td><td colspan="6">小　计</td><td></td><td></td><td></td><td></td></tr>
<tr><td colspan="2">元/工日</td><td colspan="6">未计价材料费</td><td></td><td></td><td colspan="2"></td></tr>
<tr><td colspan="8">清单项目综合单价</td><td></td><td></td><td colspan="2"></td></tr>
<tr><td rowspan="4">材
料
费
明
细</td><td colspan="5">主要材料名称、规格、型号</td><td>单位</td><td>数量</td><td>单价
（元）</td><td>合价
（元）</td><td>暂估单价
（元）</td><td>暂估合价
（元）</td></tr>
<tr><td colspan="5"></td><td></td><td></td><td></td><td></td><td></td><td></td></tr>
<tr><td colspan="5">其他材料费</td><td></td><td></td><td></td><td></td><td></td><td></td></tr>
<tr><td colspan="5">材料费小计</td><td></td><td></td><td></td><td></td><td></td><td></td></tr>
</table>

注：1. 如不适用省级或行业建设主管部门发布的计价依据，可不填定额编号、名称等。

2. 招标文件提供了暂估单价的材料，按暂估的单价填入表内“暂估单价”栏及“暂估合价”栏。

表-09

附表 1-8

总价措施项目清单计价表

工程名称：13规范清单计价（15定额）增值税工程项目＼单项工程1【建筑与装饰工程】　　标段：　　第1页　共2页

序号	项目编码	项目名称	计算基础	费率（%）	金额（元）	调整费率（%）	调整后金额（元）	备注
1	011707001001	安全文明施工						
1.1	①	环境保护	分部分项工程量清单项目定额人工费＋单价措施项目定额人工费	0.52				
1.2	②	文明施工	分部分项工程量清单项目定额人工费＋单价措施项目定额人工费	5.46				
1.3	③	安全施工	分部分项工程量清单项目定额人工费＋单价措施项目定额人工费	11				
1.4	④	临时设施	分部分项工程量清单项目定额人工费＋单价措施项目定额人工费	7.52				
2	011707002001	夜间施工						
3	011707003001	非夜间施工照明						
4	011707004001	二次搬运						
5	011707005001	冬雨季施工						

编制人（造价人员）：　　复核人（造价工程师）：　　表-11

注：1. “计算基础”中安全文明施工费可为“定额基价”“定额人工费”或“定额人工费＋定额机械费”，其他项目可为“定额人工费”或“定额人工费＋定额机械费”。

2. 按施工方案计算的措施费，若无“计算基础”和“费率”的数值，也可只填“金额”数值，但应在备注栏说明施工方案出处或计算方法。

附表 1-9

其他项目清单与计价汇总表

工程名称：13 规范清单计价（15 定额）增值税工程项目 \ 单项工程 1【建筑与装饰工程】　　标段：　　第 1 页　共 1 页

序号	项 目 名 称	金额(元)	结算金额(元)	备注
1	暂列金额			
2	暂估价			
2.1	材料(工程设备)暂估价/结算价	—		
2.2	专业工程暂估价/结算价			
3	计日工			
4	总承包服务费			
合　计				—

注：材料（工程设备）暂估单价进入清单项目综合单价，此处不汇总。

表-12

附表 1-10

暂列金额明细表

工程名称：13 规范清单计价（15 定额）增值税工程项目 \ 单项工程 1【建筑与装饰工程】　　标段：　　第 1 页　共 1 页

序号	项 目 名 称	计量单位	暂定金额(元)	备注
1	暂列金额	项		
	合　计			

注：此表由招标人填写，如不能详列，也可只列暂定金额总额，投标人应将上述暂列金额计入投标总价中。

表-12-1

附表 1-11 **材料（工程设备）暂估单价及调整表**

工程名称：13 规范清单计价（15 定额）增值税工程项目\单项工程 1【建筑与装饰工程】 标段： 第 1 页 共 1 页

序号	材料(工程设备)名称、规格、型号	计量单位	数量		单价(元)		合价(元)		差额±(元)		备注
			暂估	确认	暂估	确认	暂估	确认	暂估	确认	
合计											

注：此表由招标人填写“暂估单价”，并在备注栏说明暂估价的材料、工程设备拟用在哪些清单项目上，投标人应将上述材料、工程设备暂估单价计入工程量清单综合单价报价中。

表-12-2

附表 1-12

专业工程暂估价及结算价表

工程名称：13规范清单计价（15定额）增值税工程项目\单项工程1【建筑与装饰工程】　　标段：　　第1页　共1页

序号	工程名称	工程内容	暂估金额(元)	结算金额(元)	差额±(元)	备注
合　计				—	—	—

注：此表“暂估金额”由招标人填写，投标人应将“暂估金额”计入投标总价中。结算时按合同约定结算金额填写。　　表-12-3

附表 1-13

计日工表

工程名称：13 规范清单计价（15 定额）增值税工程项目 \ 单项工程 1【建筑与装饰工程】　　标段：　　第 1 页　共 1 页

编号	项目名称	单位	暂定数量	实际数量	综合单价（元）	合价（元）	
						暂定	实际
一	人工						
1	土建、市政、园林绿化、抹灰工程、构筑物、城市轨道交通、爆破、房屋建筑维修与加固工程普工	工日					
2	土建、市政、园林绿化、构筑物、城市轨道交通、房屋建筑维修与加固工程混凝土工	工日					
3	土建、市政、园林绿化、抹灰工程、构筑物、城市轨道交通、爆破、房屋建筑维修与加固工程技工	工日					
4	装饰普工(抹灰工程除外)	工日					
5	装饰技工(抹灰工程除外)	工日					
6	装饰细木工	工日					
7	通用安装技工	工日					
8	通用安装普工	工日					
人工小计							
二	材料						
材料小计							
三	施工机械						
施工机械小计							
四	综合费						
总　计							

注：此表项目名称、暂定数量由招标人填写，编制招标控制价时，单价由招标人按相关计价规定确定；投标时，单价由投标人自主报价，按暂定数量计算合价计入投标总价中。结算时，按发承包双方确定的实际数量计算合价。

表-12-4

附表 1-14

总承包服务费计价表

工程名称：13 规范清单计价（15 定额）增值税工程项目 \ 单项工程 1【建筑与装饰工程】　　　　标段：　　　　第 1 页　共 1 页

序号	项目名称	项目价值(元)	服务内容	计算基础	费率(%)	金额(元)
—	合计	—	—	—	—	

注：此表项目名称、服务内容由招标人填写，编制招标控制价时，费率及金额由招标人按相关计价规定确定；投标时，费率及金额由投标人自主报价，计入投标总价中。

表-12-5

附表 1-15

规费、税金项目清单计价表

工程名称：13 规范清单计价（15 定额）增值税工程项目\单项工程 1【建筑与装饰工程】　　标段：　　第 1 页　共 1 页

序号	项目名称	计 算 基 础	计算基数	计算费率(%)	金额(元)
1	规费	分部分项清单定额人工费＋单价措施项目清单定额人工费			
1.1	社会保险费	分部分项清单定额人工费＋单价措施项目清单定额人工费			
(1)	养老保险费	分部分项清单定额人工费＋单价措施项目清单定额人工费			
(2)	失业保险费	分部分项清单定额人工费＋单价措施项目清单定额人工费			
(3)	医疗保险费	分部分项清单定额人工费＋单价措施项目清单定额人工费			
(4)	工伤保险费	分部分项清单定额人工费＋单价措施项目清单定额人工费			
(5)	生育保险费	分部分项清单定额人工费＋单价措施项目清单定额人工费			
1.2	住房公积金	分部分项清单定额人工费＋单价措施项目清单定额人工费			
1.3	工程排污费	按工程所在地环境保护部门收取标准，按实计入			
2	销项增值税额	分部分项工程费＋措施项目费＋其他项目费＋规费＋创优质工程奖补偿奖励费－按规定不计税的工程设备金额－除税甲供材料(设备)设备费			
合计					

编制人（造价人员）：　　复核人（造价工程师）：　　表-13

附表 1-16

发包人提供主要材料和工程设备一览表

工程名称：13 规范清单计价（15 定额）增值税工程项目 \ 单项工程 1【建筑与装饰工程】　　标段：　　第 1 页　共 1 页

序号	材料(工程设备)名称、规格、型号	单位	数量	单价(元)	交货方式	送达地点	备注

注：此表由招标人填写，供投标人在投标报价、确定总承包服务费时参考。

表-20

附录2 装饰墙工程

封-2

××× 装饰墙 工程

招标控制价

招　标　人：四川省宜宾市某部门
（单位盖章）

×年×月×日

××× 装饰墙 工程

招标控制价

招标控制价（小写）：40826.29 元

（大写）：肆万零捌佰贰拾陆元贰角玖分

招 标 人：四川省宜宾市某部门
（单位盖章）

法定代表人或其授权人：×××
（签字或盖章）

编 制 人：×××
（造价人员签字盖专用章）

复 核 人：
（造价工程师签字盖专用章）

编制时间：×年×月×日

复核时间：×年×月×日

扉-2

附表 2-1

总说明

工程名称：社会主义核心价值观装饰墙工程　　　　第 1 页　共 1 页

1. 工程概况

社会主义核心价值观文化装饰墙工程，墙面装饰为干挂 600mm×600mm 花岗石，厚 30mm，每平方米干挂墙面钢骨架用 30kg 钢材，花岗石墙面上安装社会主义核心价值观金属字 24 个，字高 800mm，字宽 450mm。

2. 工程招标和分包范围

装饰施工图范围。

3. 工程量清单编制依据

(1)《GB 50500—2013 建设工程工程量清单计价规范》以及《GB 50854—2013 房屋建筑与装饰工程工程量计算规范》；

(2)2015 年《四川省建设工程工程量清单计价定额》；

(3)装饰施工图；

(4)材料价格按照四川省造价信息及市场询价计取；

(5)人工费按四川省颁布人工费调整政策文件执行；

(6)安全文明施工费按《四川省建设工程安全文明施工费计价管理办法》的通知执行；

(7)税金按四川省住房和城乡建设厅关于印发《建筑业营业税改征增值税四川省建设工程计价依据调整办法》调整的通知执行。

4. 工程质量、材料、施工等的特殊要求

无

5. 其他需说明的问题

无

表-01

附表 2-2

建设项目招标控制价汇总表

工程名称：社会主义核心价值观装饰墙工程　　　　第 1 页　共 1 页

序号	单项工程名称	金额(元)	其中:(元)		
			暂估价	安全文明施工费	规费
	装饰墙工程	40826.29		1994.14	1220.91
合　计		40826.29		1994.14	1220.91

注：本表适用于建设项目招标控制价或投标报价的汇总。

表-02

附表 2-3

单项工程招标控制价汇总表

工程名称：社会主义核心价值观装饰墙工程\装饰墙工程　　　　第 1 页　共 1 页

序号	单项工程名称	金额(元)	其中:(元)		
			暂估价	安全文明施工费	规费
1	装饰工程	40826.29	0.00	1994.14	1220.91
合计		40826.29		1994.14	1220.91

注：本表适用于单项工程招标控制价或投报价的汇总。暂估价包括分部分项工程中的暂估价和专业工程暂估价。

表-03

附表 2-4

单位工程招标控制价汇总表

工程名称：社会主义核心价值观装饰墙工程\装饰墙工程【装饰工程】　　标段：　　第 1 页　共 1 页

序号	汇 总 内 容	金额(元)	其中:暂估价(元)
1	分部分项及单价措施项目	33899.76	
2	总价措施项目	1994.14	—
2.1	其中:安全文明施工费	1994.14	—
3	其他项目		
3.1	其中:暂列金额		—
3.2	其中:专业工程暂估价		—
3.3	其中:计日工		—
3.4	其中:总承包服务费		—
4	规费	1220.91	—
5	创优质工程奖补偿奖励费		—
6	税前工程造价	37114.81	—
6.1	其中:甲供材料(设备)费		—
7	销项增值税额	3711.48	—
招标控制价/投标报价总价合计=税前工程造价+销项增值税额		40826.29	

注：本表适用于单位工程招标控制价或投标报价的汇总，如无单位工程划分，单项工程也使用本表汇总。　　表-04

附表 2-5

分部分项工程量清单与计价表

工程名称：社会主义核心价值观装饰墙工程 \ 装饰墙工程【装饰工程】　　　　标段：　　　　第 1 页　共 1 页

序号	项目编码	项目名称	项目特征描述	计量单位	工程量	金额(元)		
						综合单价	合价	其中
								暂估价
1	011204001001	石材墙面	1. 墙体类型:混凝土墙面; 2. 安装方式:干挂钢龙骨; 3. 面层材料品种、规格、颜色:600mm×600mm 花岗石,厚 300mm	m^2	48	592.76	28452.48	
2	011508004002	金属字	1. 基层类型:花岗石墙面; 2. 镌字材料品种、颜色:金属字; 3. 字体规格:800mm×450mm	个	24	187.77	4506.48	
本页小计							32958.96	
合计							32958.96	

注：为计取规费等的使用，可在表中增设“其中：定额人工费”。

表-08

附表 2-6

单价措施项目清单与计价表

工程名称：社会主义核心价值观装饰墙工程\装饰墙工程【装饰工程】　　标段：　　第 1 页　共 4 页

序号	项目编码	项目名称	项目特征描述	计量单位	工程量	金额(元)		
						综合单价	合价	其中 暂估价
		脚手架工程						
1	011701001001	综合脚手架	1. 建筑结构形式； 2. 檐口高度	m^2				
2	011701002001	外脚手架	1. 搭设方式； 2. 搭设高度； 3. 脚手架材质	m^2	48	19.60	940.80	
3	011701003001	里脚手架	1. 搭设方式； 2. 搭设高度； 3. 脚手架材质	m^2				
4	011701004001	悬空脚手架	1. 搭设方式； 2. 悬挑宽度； 3. 脚手架材质	m^2				
5	011701005001	悬挑脚手架	1. 搭设方式； 2. 悬挑宽度； 3. 脚手架材质	m				
6	011701006001	满堂脚手架	1. 搭设方式； 2. 搭设高度； 3. 脚手架材质	m^2				
7	011701007001	整体提升架	1. 搭设方式及启动装置； 2. 搭设高度	m^2				
8	011701008001	外装饰吊篮	1. 升降方式及启动装置； 2. 搭设高度及吊篮型号	m^2				
		小计					940.80	
		混凝土模板及支架(撑)						
9	011702001001	基础	基础类型	m^2				
10	011702002001	矩形柱	基础类型	m^2				
本页小计							940.80	

注：为计取规费等的使用，可在表中增设“其中：定额人工费”。

表-08

附表 2-7

单价措施项目清单与计价表

工程名称：社会主义核心价值观装饰墙工程\装饰墙工程【装饰工程】　　标段：　　第 2 页　共 4 页

序号	项目编码	项目名称	项目特征描述	计量单位	工程量	金额(元)		
						综合单价	合价	其中 暂估价
11	011702003001	构造柱	基础类型	m^2				
12	011702004001	异形柱	柱截面形状	m^2				
13	011702005001	基础梁	梁截面形状	m^2				
14	011702006001	矩形梁	支撑高度	m^2				
15	011702007001	异形梁	1. 梁截面形状； 2. 支撑高度	m^2				
16	011702008001	圈梁	1. 梁截面形状； 2. 支撑高度	m^2				
17	011702009001	过梁	1. 梁截面形状； 2. 支撑高度	m^2				
18	011702010001	弧形、拱形梁	1. 梁截面形状； 2. 支撑高度	m^2				
19	011702011001	直形墙	1. 梁截面形状； 2. 支撑高度	m^2				
20	011702012001	弧形墙	1. 梁截面形状； 2. 支撑高度	m^2				
21	011702013001	短肢剪力墙、电梯井壁	1. 梁截面形状； 2. 支撑高度	m^2				
22	011702014001	有梁板	支撑高度	m^2				
23	011702015001	无梁板	支撑高度	m^2				
24	011702016001	平板	支撑高度	m^2				
25	011702017001	拱板	支撑高度	m^2				
26	011702018001	薄壳板	支撑高度	m^2				
27	011702019001	空心板	支撑高度	m^2				
本页小计								

注：为计取规费等的使用，可在表中增设“其中：定额人工费”。

表-08

附表 2-8

单价措施项目清单与计价表

工程名称：社会主义核心价值观装饰墙工程\装饰墙工程【装饰工程】　　标段：　　第 3 页　共 4 页

序号	项目编码	项目名称	项目特征描述	计量单位	工程量	金额(元)		
						综合单价	合价	其中 暂估价
28	011702020001	其他板	支撑高度	m^2				
29	011702021001	栏板	支撑高度	m^2				
30	011702022001	天沟、檐沟	构件类型	m^2				
31	011702023001	雨篷、悬挑板、阳台板	1. 构件类型； 2. 板厚度	m^2				
32	011702024001	楼梯	类型	m^2				
33	011702025001	其他现浇构件	构件类型	m^2				
34	011702026001	电缆沟、地沟	1. 沟类型； 2. 沟截面	m^2				
35	011702027001	台阶	台阶踏步宽	m^2				
36	011702028001	扶手	扶手断面尺寸	m^2				
37	011702029001	散水	扶手断面尺寸	m^2				
38	011702030001	后浇带	后浇带部位	m^2				
39	011702031001	化粪池	1. 化粪池部位； 2. 化粪池规格	m^2				
40	011702032001	检查井	1. 检查井部位； 2. 检查井规格	m^2				
		小计						
		垂直运输						
41	011703001001	垂直运输	1. 建筑物建筑类型及结构形式； 2. 地下室建筑面积； 3. 建筑物檐口高度、层数	m^2/天				
		小计						
本页小计								

注：为计取规费等的使用，可在表中增设“其中：定额人工费”。　　表-08

附表 2-9

单价措施项目清单与计价表

工程名称：社会主义核心价值观装饰墙工程\装饰墙工程【装饰工程】　　标段：　　第4页　共4页

序号	项目编码	项目名称	项目特征描述	计量单位	工程量	金额(元)		
						综合单价	合价	其中 暂估价
		超高施工增加						
42	011704001001	超高施工增加	1. 建筑物建筑类型及结构形式； 2. 建筑物檐口高度、层数； 3. 单层建筑物檐口高度超过20m,多层建筑物超过6层部分的建筑面积	m^2				
		小计						
		大型机械设备进出场及安拆						
43	011705001001	大型机械设备进出场及安拆	1. 机械设备名称； 2. 机械设备规格型号	台次				
		小计						
		施工排水、降水						
44	011706001001	成井	1. 成井方式； 2. 地层情况； 3. 成井直径； 4. 井(滤)管类型、直径	m				
45	011706002001	排水、降水	1. 机械规格型号； 2. 降排水管规格	昼夜				
		小计						
本页小计								
合计							940.80	

注：为计取规费等的使用，可在表中增设“其中：定额人工费”。

表-08

附表 2-10

综合单价分析表（1）

工程名称：社会主义核心价值观装饰墙工程\装饰墙工程【装饰工程】　　标段：　　第 1 页　共 2 页

项目编码		(1)011204001001		项目名称		石材墙面		计量单位	m^2	工程量	48
清单综合单价组成明细											
定额编号	定额项目名称	定额单位	数量	单价(元)				合价(元)			
				人工费	材料费	机械费	管理费和利润	人工费	材料费	机械费	管理费和利润
AM0274 换	石材墙面 钢骨架上干挂石材	$100m^2$	0.01	8788.60	19976.92	19.95	2101.20	87.89	199.77	0.20	21.01
AM0338	钢骨架上干挂花岗石	t	0.03	3367.42	4488.81	600.54	1006.34	101.02	134.66	18.02	30.19
人工单价		小计						188.91	334.43	18.22	51.20
元/工日		未计价材料费									
清单项目综合单价								592.76			
材料费明细	主要材料名称、规格、型号					单位	数量	单价（元）	合价（元）	暂估单价（元）	暂估合价（元）
	花岗石板 厚 30mm					m^2	1.02	150.00	153.00		
	不锈钢连接件 石材挂件					套	4	5.00	20.00		
	结构胶					kg	0.36	28.00	10.08		
	耐候胶 304mL/支					支	0.9	18.00	16.20		
	水					m^3	0.014	3.80	0.05		
	型钢 综合					kg	31.8	4.00	127.20		
	螺栓 $\phi5\times40$					套	12	0.30	3.60		
	电焊条					kg	0.7026	5.50	3.86		
	其他材料费							—	0.44	—	
	材料费小计							—	334.43	—	

注：1. 如不适用省级或行业建设主管部门发布的计价依据，可不填定额编号、名称等。

2. 招标文件提供了暂估单价的材料，按暂估的单价填入表内“暂估单价”栏及“暂估合价”栏。

表-09

附表 2-11

综合单价分析表（2）

工程名称：社会主义核心价值观装饰墙工程 \ 装饰墙工程【装饰工程】　　标段：　　第 2 页　共 2 页

项目编码		(2)011508004002		项目名称		金属字		计量单位	个	工程量	24
清单综合单价组成明细											
定额编号	定额项目名称	定额单位	数量	单价				合价			
				人工费	材料费	机械费	管理费和利润	人工费	材料费	机械费	管理费和利润
AQ0124	金属字 每字面积 $\leqslant 0.5m^2$	10 个	0.1	501.42	1256.77		119.50	50.14	125.68		11.95
	其他面										
人工单价		小计						50.14	125.68		11.95
元/工日		未计价材料费									
清单项目综合单价								187.77			
材料费明细	主要材料名称、规格、型号					单位	数量	单价（元）	合价（元）	暂估单价（元）	暂估合价（元）
	金属字 $0.5m^2$					个	1.01	120.00	121.20		
	其他材料费							—	4.48	—	
	材料费小计							—	125.68	—	

注：1. 如不适用省级或行业建设主管部门发布的计价依据，可不填定额编号、名称等。

2. 招标文件提供了暂估单价的材料，按暂估的单价填入表内“暂估单价”栏及“暂估合价”栏。

表-09

附表 2-12

总价措施项目清单计价表

工程名称：社会主义核心价值观装饰墙工程\装饰墙工程【装饰工程】　　标段：　　第1页　共1页

序号	项目编码	项目名称	计算基础	费率（%）	金额（元）	调整费率（%）	调整后金额（元）	备注
1	011707001001	安全文明施工			1994.14			
1.1	①	环境保护	分部分项工程量清单项目定额人工费＋单价措施项目定额人工费	0.52	42.32			
1.2	②	文明施工	分部分项工程量清单项目定额人工费＋单价措施项目定额人工费	5.46	444.41			
1.3	③	安全施工	分部分项工程量清单项目定额人工费＋单价措施项目定额人工费	11	895.33			
1.4	④	临时设施	分部分项工程量清单项目定额人工费＋单价措施项目定额人工费	7.52	612.08			
2	011707002001	夜间施工						
3	011707003001	非夜间施工照明						
4	011707004001	二次搬运						
5	011707005001	冬雨季施工						
6	011707006001	地上、地下设施、建筑物的临时保护设施						
7	011707007001	已完工程及设备保护						
8	011707008001	工程定位复测费						
合计					1994.14	—	—	—

编制人（造价人员）：　　复核人（造价工程师）：

注：1. “计算基础”中安全文明施工费可为“定额基价”“定额人工费”或“定额人工费＋定额机械费”，其他项目可为“定额人工费”或“定额人工费＋定额机械费”。

2. 按施工方案计算的措施费，若无“计算基础”和“费率”的数值，也可只填“金额”数值，但应在备注栏说明施工方案出处或计算方法。　　表-11

附表 2-13

其他项目清单与计价汇总表

工程名称：社会主义核心价值观装饰墙工程\装饰墙工程【装饰工程】　　标段：　　第 1 页　共 1 页

序号	项 目 名 称	金额(元)	结算金额(元)	备注
1	暂列金额			明细详见表-12-1
2	暂估价			
2.1	材料(工程设备)暂估价/结算价	—		明细详见表-12-2
2.2	专业工程暂估价/结算价			明细详见表-12-3
3	计日工			明细详见表-12-4
4	总承包服务费			明细详见表-12-5
合计				—

注：材料（工程设备）暂估单价进入清单项目综合单价，此处不汇总。　　表-12

附表 2-14

计日工表

工程名称：社会主义核心价值观装饰墙工程\装饰墙工程【装饰工程】　　标段：　　第 1 页　共 1 页

编号	项目名称	单位	暂定数量	实际数量	综合单价（元）	合价(元)	
						暂定	实际
一	人工						
1	土建、市政、园林绿化、抹灰工程、构筑物、城市轨道交通、爆破、房屋建筑维修与加固工程普工	工日					
2	土建、市政、园林绿化、构筑物、城市轨道交通、房屋建筑维修与加固工程混凝土工	工日					
3	土建、市政、园林绿化、抹灰工程、构筑物、城市轨道交通、爆破、房屋建筑维修与加固工程技工	工日					
4	装饰普工(抹灰工程除外)	工日					
5	装饰技工(抹灰工程除外)	工日					
6	装饰细木工	工日					
7	通用安装技工	工日					
8	通用安装普工	工日					
人工小计							
二	材料						
材料小计							
三	施工机械						
施工机械小计							
四	综合费						
总计							

注：此表项目名称、暂定数量由招标人填写，编制招标控制价时，单价由招标人按相关计价规定确定；投标时，单价由投标人自主报价，按暂定数量计算合价计入投标总价中。结算时，按发承包双方确定的实际数量计算合价。

表-12-4

附表 2-15

总承包服务费计价表

工程名称：社会主义核心价值观装饰墙工程＼装饰墙工程【装饰工程】　　标段：　　第 1 页　共 1 页

序号	项目名称	项目价值(元)	服务内容	计算基础	费率(%)	金额(元)
—	合计	—	—	—	—	

注：此表项目名称、服务内容由招标人填写，编制招标控制价时，费率及金额由招标人按相关计价规定确定；投标时，费率及金额由投标人自主报价，计入投标总价中。

表-12-5

附表 2-16

规费、税金项目清单计价表

工程名称：社会主义核心价值观装饰墙工程\装饰墙工程【装饰工程】　　标段：　　第 1 页　共 1 页

序号	项目名称	计算基础	计算基数	计算费率(%)	金额(元)
1	规费	分部分项清单定额人工费＋单价措施项目清单定额人工费			1220.91
1.1	社会保险费	分部分项清单定额人工费＋单价措施项目清单定额人工费			952.31
(1)	养老保险费	分部分项清单定额人工费＋单价措施项目清单定额人工费	8139.36	7.5	610.45
(2)	失业保险费	分部分项清单定额人工费＋单价措施项目清单定额人工费	8139.36	0.6	48.84
(3)	医疗保险费	分部分项清单定额人工费＋单价措施项目清单定额人工费	8139.36	2.7	219.76
(4)	工伤保险费	分部分项清单定额人工费＋单价措施项目清单定额人工费	8139.36	0.7	56.98
(5)	生育保险费	分部分项清单定额人工费＋单价措施项目清单定额人工费	8139.36	0.2	16.28
1.2	住房公积金	分部分项清单定额人工费＋单价措施项目清单定额人工费	8139.36	3.3	268.60
1.3	工程排污费	按工程所在地环境保护部门收取标准,按实计入			
2	销项增值税额	分部分项工程费＋措施项目费＋其他项目费＋规费＋创优质工程奖补偿奖励费－按规定不计税的工程设备金额－除税甲供材料(设备)设备费	37114.81	10	3711.48
合计					4932.39

编制人（造价人员）：　　复核人（造价工程师）：

表-13

附表 2-17 **承包人提供主要材料和工程设备一览表**（适用造价信息差额调整法）

工程名称：社会主义核心价值观装饰墙工程\装饰墙工程【装饰工程】 标段： 第 1 页 共 1 页

序号	名称、规格、型号	单位	数量	风险系数（%）	基准单价（元）	投标单价（元）	发承包人确认单价(元)	备注
1	水	m^3	0.672		3.80			
2	不锈钢连接件 石材挂件	套	192		5.00			
3	结构胶	kg	17.28		28.00			
4	耐候胶 304mL/支	支	43.2		18.00			
5	其他材料费	元	213.787		1.00			
6	型钢 综合	kg	1526.4		4.00			
7	螺栓 $\phi5\times40$	套	576		0.30			
8	电焊条	kg	33.725		5.50			
9	金属字 0.5m^2	个	24.24		120.00			
10	脚手架钢材	kg	38.482		5.00			
11	锯材 综合	m^3	0.053		1750.00			
12	柴油(机械)	kg	3.35		8.70			
13	花岗石板 厚 30mm	m^2	48.96		150.00			

注：1. 此表由招标人填写除“投标单价”栏的内容，投标人在投标时自主确定投标单价。
2. 招标人应优先采用工程造价管理机构发布的单价作为基准单价，未发布的，通过市场调查确定其基准单价。

设计总说明

一、工程概况：

1.1　本工程××快捷酒店-世纪大道店大堂、餐厅、室内设计工程。

1.2　本案设计范围为一层大堂电梯厅一层餐厅电梯厅及公共走廊等功能区间。

二、设计依据：

2.1　业主的设计任务书及对本案的具体要求及认定。

2.2　原建筑设计图纸及相关文件。

2.3 《建筑装饰装修工程质量验收标准》(GB 50210—2018)

2.4 《建筑工程施工质量验收统一标准》(GB 50300—2013)

2.5 《建筑内部装修设计防火规范》(GB 50222—2017)

2.6 《建筑设计防火规范（2018 版）》(GB 50016—2014)

2.7 《建筑结构荷载规范》(GB 50009—2012)

2.8 《室内建筑装饰装修材料有害量十项标准》

三、设计及施工总说明：

本工程选用材料、胶黏剂、配件等，对有放射性、有害挥发气体物质等环保要求的，必须符合国家标准规定，并附有相关的检测报告、准用证、质量检验证书等资料。

3.1　本工程图纸所标注尺寸除标高以米为单位外，其余均以毫米为单位（mm）。

3.2　不可以任何形式从图纸上度量尺寸，所有尺寸均以标注为准。

3.3　图纸编号均参照本案所编制的代码表。

3.4　材料及工艺均参照材料表。

3.5　本工程以每层楼地面装修完成面为相对标高。

3.6　施工作业应符合《建筑装饰装修工程施工规程》。

3.7　施工质量应符合：

GB 50210—2018《建筑装饰装修工程质量验收标准》

GB 50209—2010《建筑地面工程施工质量验收规范》

GB 50242—2002《建筑给水排水及采暖工程质量验收规范》

GB 50303—2015《建筑电气工程施工质量验收规范》

等有关章节规定

四、单项工程设计及施工说明：

4.1　地面工程：应执行（建筑装修现行国家标准图集）03J502—3。

4.1.1　基层：对原地坪基面清理及水平定位。

4.1.2　饰面层做法：

a. 地面大堂、餐厅地砖地面：采用平铺法。

b. 卫生间地砖地面：采用湿作法：1∶2.5 水泥砂浆找平、找坡，采用陶瓷专用黏结剂铺贴。

c. 卫生间墙面防水层：卫生间隔墙，粘贴瓷砖前先采用防水剂二度。

d. 地毯面层：采用地毯胶垫底层，周边采用倒刺板固定，地毯采用阻燃防静电材料，必要时基层应做防潮防虫处理。

4.2　墙面工程：

4.2.1　墙面砖：基层采用 1∶2.5 水泥砂浆找平，黏合层采用陶瓷黏结剂。

4.2.2　木饰面墙面，木质造型应按防火规范要求，进行防火处理，刷防火漆 3 度，部分木饰面可采用人造花样的防火板饰面。

4.2.3　木质饰面亚光清漆涂饰、清漆的涂饰标准参照《建筑装饰装修工程质量验收标准》表（10.3.7）的规定。

4.2.4　沿墙、沿地、木龙骨及埋入墙体的木砖应按规范要求进行防腐处理。

4.2.5　薄涂料（乳胶漆）涂面：壁丽宝满批两度，砂光后乳胶漆一底二面。

4.2.6　基层为混凝土面时，需用界面剂打底处理后，再作下一道工序，选用的块料面层其几何尺寸、色差等要求一致。

4.2.7　陶瓷马赛克贴墙面：基层为混凝土时采用专用陶瓷黏结剂，基层为木夹板时采用强力云石胶粘贴，填缝均采用配套使用的马赛克嵌缝剂。

4.2.8　复层弹性涂料涂面：应按照专业承担提供的工艺施工，基层应符合《建筑装饰装修工程质量验收规范》第（10.1.5）条的要求。

4.2.9　新建轻钢龙骨石膏板隔墙地坪标高上需做 200 高 C20 素砼捣墙。

4.3　天花工程：应执行（建筑装修现行国家标准图集）03J502—2。

4.3.1　轻钢龙骨纸面石膏板饰面：采用 C50 轻钢龙骨低面石膏板（卫生间采用防潮型）；自攻螺丝需作防锈处理；石膏板接缝处应按工艺标准进行板缝防裂处理，双层石膏板安装时，面层板与基层板的接缝应错开，并不待在同一根龙骨上按缝；另吊杆、龙骨的材质、规格、安装间距及连接方式应符合国家标准及相关规范做法的要求；金属吊杆、龙骨应经过表面防腐处理；木吊杆、龙骨应进行防腐、防火处理，刷防腐涂层二度、防火剂二度。

4.3.2　灯箱、灯槽：按设计造型制作，木作业需刷防火漆 3 度。

4.3.3　金属吊顶：按设计要求选材并采用相应配套的轻钢龙骨、构件及收口条。

4.3.4　灯具定位按设计要求安装，灯具造型应符合设计要求。

五、其他：

5.1　各种墙地面等大宗装饰材料，需先取样品，由业主会同材料小组共同选定后订货。

5.2　施工中发现图纸矛盾或未明了处以及有材料、颜色等变动情况，施工人员应及时与设计人员联系，必要时会同业主同时解决。

5.3　图纸中标注尺寸与现场尺寸不符时，应及时联系设计人员，不可自行更改设计方案。

5.4　施工过程中对所有涉及的半成品和成品需采取相应的保护措施。

5.5　水部分由相关专业配合。

5.6　当涉及主体承重结构改动或增加荷载时，必须由原结构设计单位或具备相应资质的设计单位核查有关原始资料，对既有建筑结构的安全性进行核查、确认。

施工单位不得付清施用，否则因此而产生的变更、返工等一切不良后果由施工方承担。

5.7　本设计图纸必须由业主组织相关专业人员进行汇审通过后方可用于施工单位；未经审核通过后，任何施工单位不得付清施用，否则因此而产生的变更、返工等一切不良后果由施工方承担。

六、图纸中的索引号含义：

立面索引　DT25/D07 详图索引　3.000 吊顶标高　±0.000 地坪标高

CLIENT　建设单位

Project name　项目名称

××快捷酒店-品尚西咸新区世纪大道店

大堂餐厅装饰设计

Description　说明

比例 Scale

日期 Date

设计 Design plan

制图 Drawn by

描图 Approved by

审图 Read in conjunction with

Signature for Submission Construction

总设计师

日期 Date issue

Drawing No.　图号

01

备注 Revision

Drawing Name　图名

设计说明

主　材　表

类　别	编　号	材　料	规　格	品质标准	
石材	ST-001	新古堡灰大理石	见图	20 厚，磨光度数 90，干铺工艺施工　供货商：上海岩英石材	
	ST-002	爵士白大理石	见图	20 厚，磨光度数 90，干铺工艺施工　供货商：上海岩英石材	
	ST-003	灰色人造石	见图	20 厚，磨光度数 90，干铺工艺施工　供货商：上海岩英石材	
	ST-004	古木纹大理石	见图	20 厚，磨光度数 90，干铺工艺施工　供货商：上海岩英石材	
瓷砖	TL-001	仿洞石墙砖	600×900	干铺工艺施工：会创-木纹系列，型号：D69005　供货商：上海会创商贸有限公司	
	TL-002	800×800 米白色玻化砖	800×800/600×600	干铺工艺施工：会创-纳福娜系列，型号：2B801　供货商：上海会创商贸有限公司	
	TL-003	800×800 灰色玻化砖	800×800	干铺工艺施工：会创-纳福娜系列　供货商：上海会创商贸有限公司	
	TL-004	300×600 墙砖	300×600	干铺工艺施工：会创-素抛系列，型号：TT6602　供货商：上海会创商贸有限公司	
	TL-005	300×300 防滑地砖	300×300	干铺工艺施工：会创-素抛系列，型号：TT6602　供货商：上海会创商贸有限公司	
木材	WD-001	白杨木饰面板	1220×2440	白杨木免漆饰面板（表面防火，耐磨处理），样品型号：H6214　供货商：苏州厚德林新型材料有限公司	
	WD-002	黑橡木饰面板	1220×2440	黑橡木免漆饰面板（表面防火，耐磨处理），样品型号：H6302　供货商：苏州厚德林新型材料有限公司	
	WD-003	18 厘阻燃工程板	1220×2440	18 厚阻燃胶合板，贴墙地部位作防潮处理	
	WD-004	3 厘夹板	1220×2440	3 厚阻燃胶合板，贴墙地部位作防潮处理	
	WD-005	5 厘夹板	1220×2440	5 厚阻燃胶合板，贴墙地部位作防潮处理	
	WD-006	9 厘夹板	1220×2440	9 厚阻燃胶合板，贴墙地部位作防潮处理	
	WD-007	木龙骨	20×30	做防火处理，贴墙地部位作防潮处理	
		木龙骨	30×40	做防火处理，贴墙地部位作防潮处理	
涂料	PT-001	白色乳胶漆	见图	3 度，刮腻子找平，色样：立邦 1308-4	大堂，餐厅天花
	PT-002	岩灰色乳胶漆	见图	3 度，刮腻子找平，色样：立邦 NN1390-2	大堂，餐厅墙面
玻璃	GL-001	透明钢化清玻璃	见图	12 厚，钢化玻璃	大堂、餐厅
	GL-002	银镜	见图	5 厚，8 厚，幕墙胶带粘贴	餐厅
	GL-003	黑色烤漆玻璃	见图	5 厚，8 厚，幕墙胶带粘贴　供货商：申板玻璃	大堂景观
	GL-004	夹绢玻璃	见图	5 厚，8 厚，幕墙胶带粘贴（超白玻）　供货商：申板玻璃	大堂、餐厅
金属	SL-001	香槟金金属踢脚线		1.2 厚（型材另定）专用强力胶粘贴	
	SL-002	黑色镀钛不锈钢		1.2 厚（型材另定）专用强力胶粘贴	
石膏板	PB-001	纸面石膏板	1220×2440	9 厚，12 厚，双层	
	PB-002	防潮石膏板	1220×2440	9 厚，双层	
其他	天花灯（赛特）	LED	详见图纸	供货商：上海赛特照明，魏先生：×××××××××××	大堂，餐厅
	定制灯具	大堂台灯，灯箱，餐厅吊灯	详见图纸	供货商：上海西部伦灯具，刘先生：×××××××××××	大堂，餐厅
	装饰画及卫生间成品镜	雕塑，桌花，装饰画	详见图纸	供货商：上海幽品整体软装，方小姐：×××××××××××	大堂，餐厅
	家具供货商	沙发，餐桌，茶几，餐椅，卡座等	详见图纸	供货商：上海幽品整体软装，方小姐：×××××××××××	大堂，餐厅
		水印木（白杨木色）	100×40/100×20	供货商：上海铂庭商贸，王先生：×××××××××××	大堂，餐厅
	窗帘	白冰绸	详见图纸	供货商：何女士：×××××××××××	大堂，餐厅

CLIENT　建设单位

Project name　项目名称
××快捷酒店-品尚西咸新区世纪大道店
大堂餐厅装饰设计

Description　说明

比例
Scale

日期
Date

设计
Design plan

制图
Drawn by

描图
Approved by

审图
Read in conjunction with

Signature for Submission Construction
总设计师

日期
Date issue

Drawing No.　图号
P01

备注
Revision

Drawing Name　图名
主材表

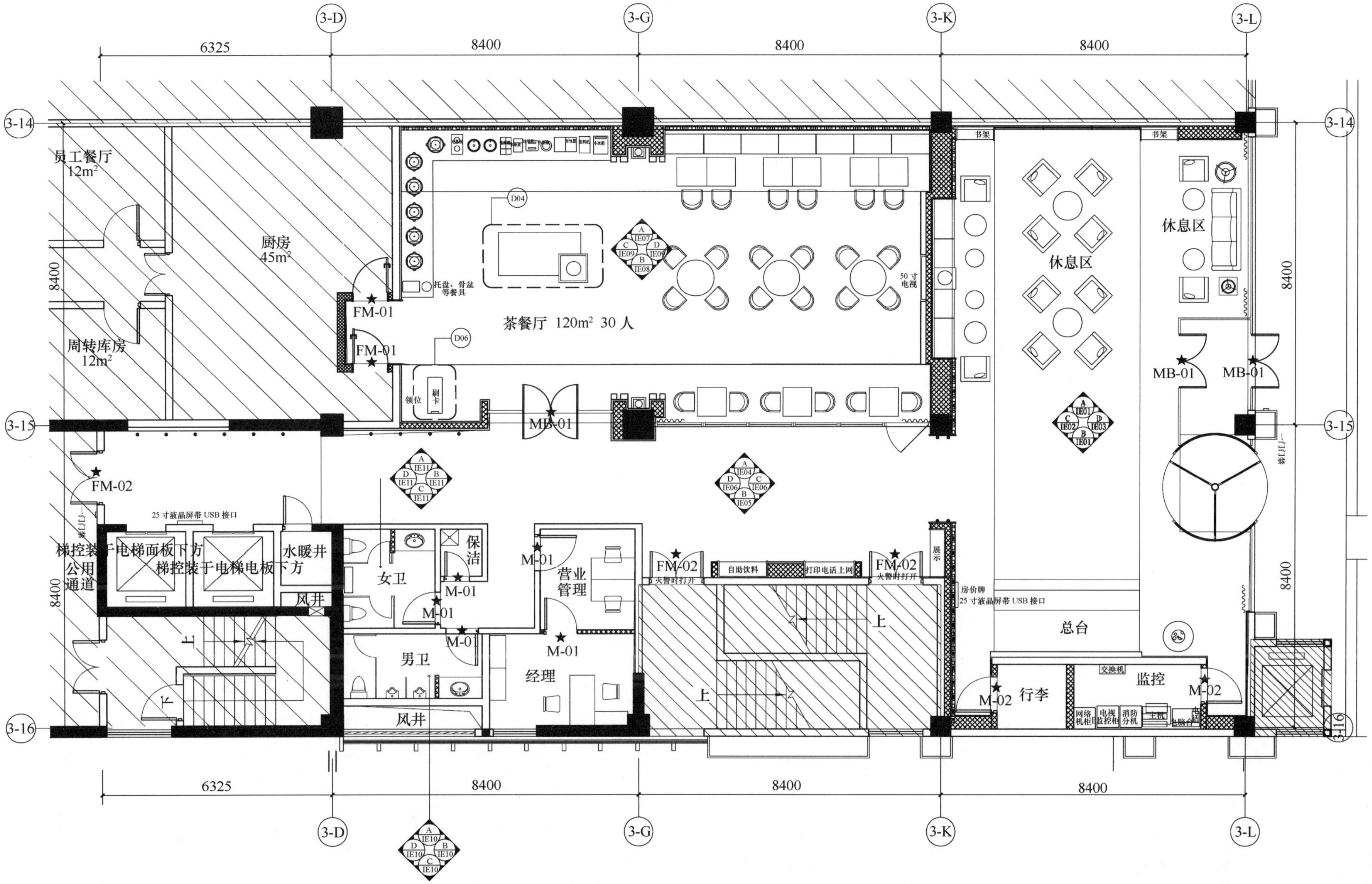

注：★ 须加暗藏式闭门器

一层大堂平面及立面索引图

CLIENT 建设单位	
Project name 项目名称	××快捷酒店-品尚西咸新区世纪大道店 大堂餐厅装饰设计
Description 说明	
比例 Scale	1：60
日期 Date	
设计 Design plan	
制图 Drawn by	
描图 Approved by	
审图 Read in conjunction with	
Signature for Submission Construction 总设计师	
日期 Date issue	
Drawing No. 图号	P01
备注 Revision	
Drawing Name 图名	一层大堂平面及立面索引图

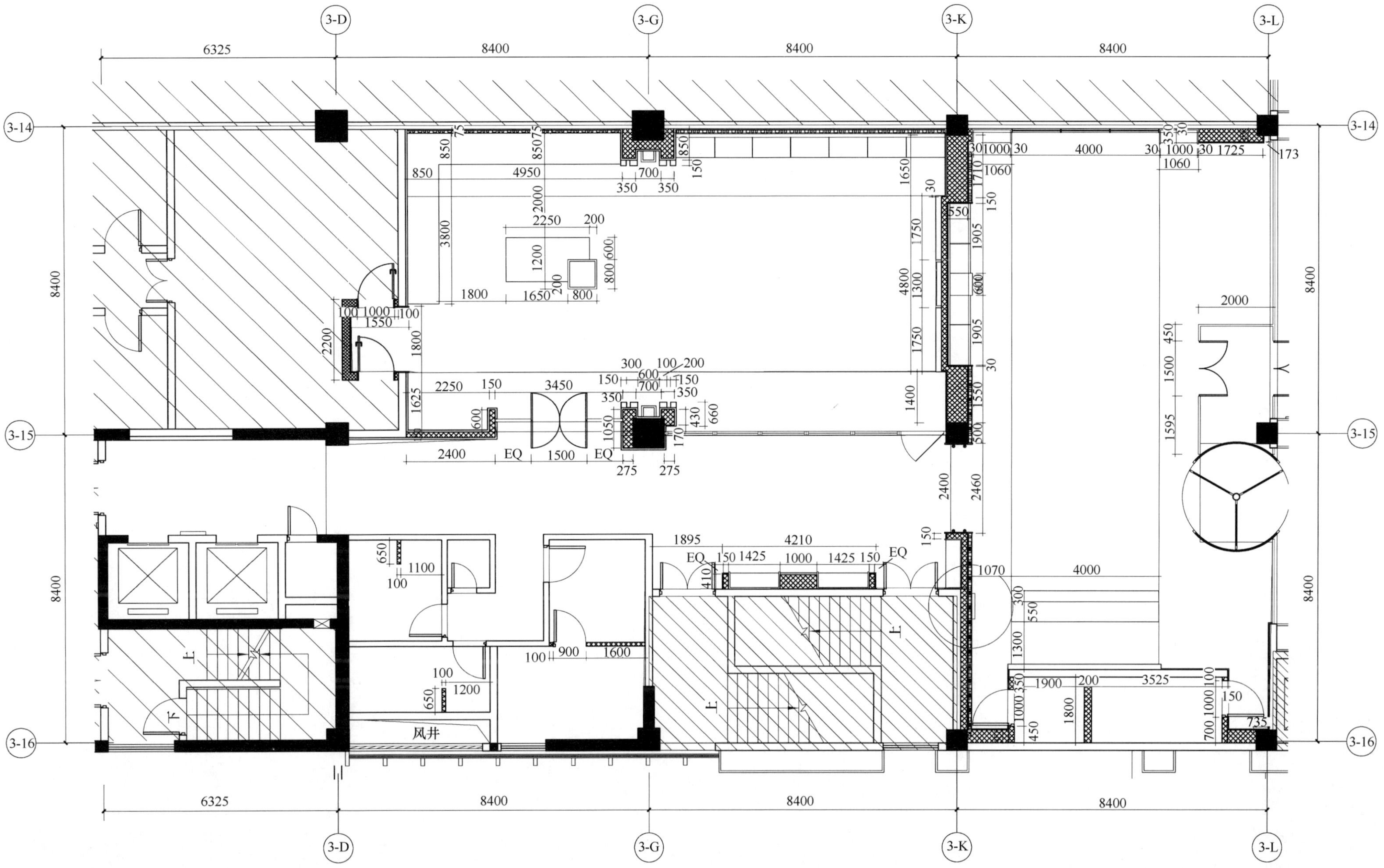

木作基层、大理石干挂基层（此墙宽度不含装饰面厚度）

轻钢龙骨隔墙（此墙宽度不含装饰面厚度）

厚建筑现有墙体（此墙宽度不含装饰面厚度）

砌块墙（此墙宽度不含装饰面厚度）

一层大堂部分墙体尺寸图

CLIENT 建设单位	
Project name 项目名称	××快捷酒店-品尚西咸新区世纪大道店 大堂餐厅装饰设计
Description 说明	
比例 Scale	1∶60
日期 Date	
设计 Design plan	
制图 Drawn by	
描图 Approved by	
审图 Read in conjunction with	
Signature for Submission Construction 总设计师	
日期 Date issue	
Drawing No. 图号	P02
备注 Revision	
Drawing Name 图名	一层大堂部分墙体尺寸图

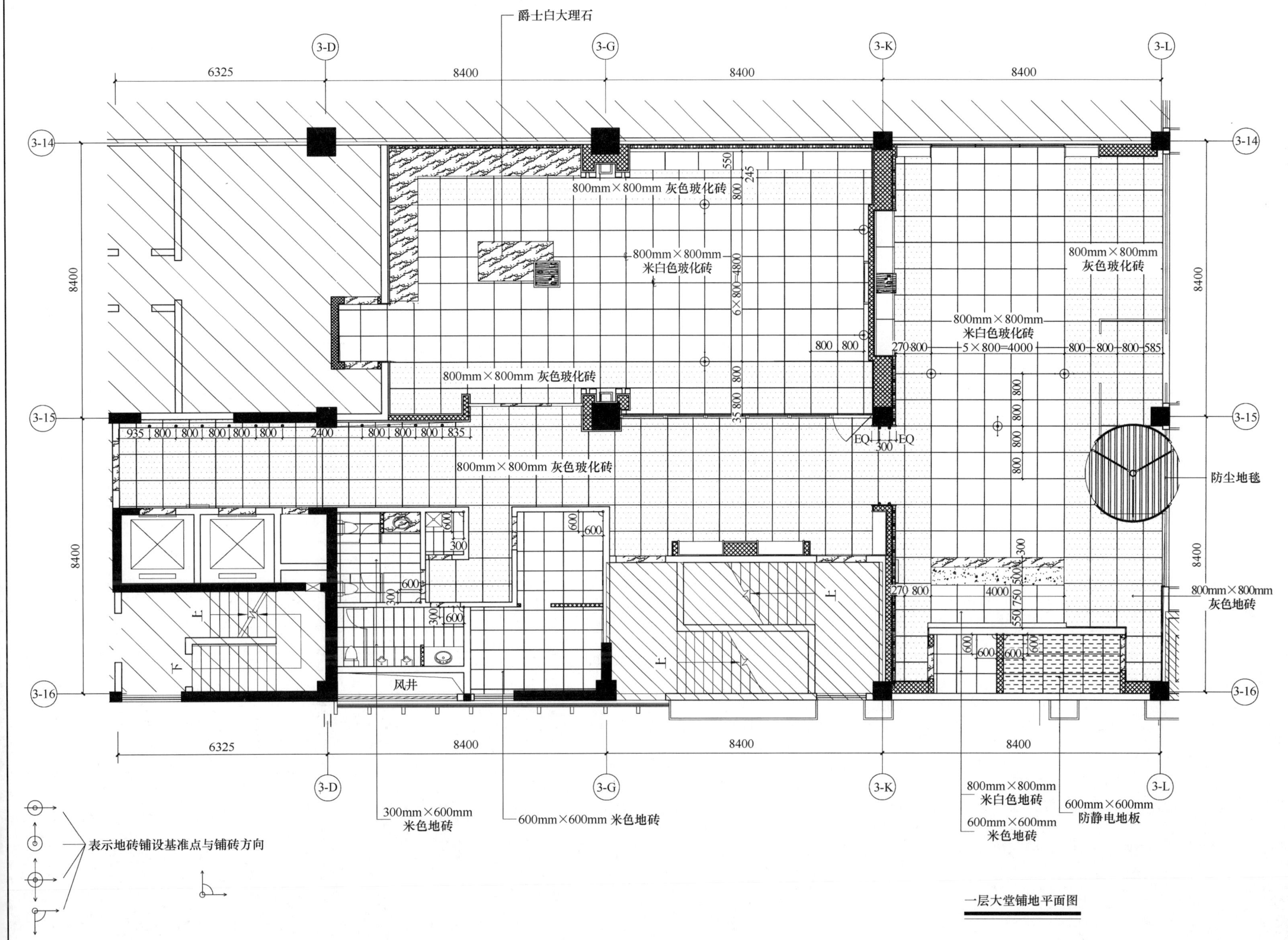

一层大堂铺地平面图

CLIENT 建设单位

Project name 项目名称

××快捷酒店-品尚西咸新区世纪大道店

大堂餐厅装饰设计

Description 说明

比例 Scale 1∶60

日期 Date

设计 Design plan

制图 Drawn by

描图 Approved by

审图 Read in conjunction with

Signature for Submission Construction

总设计师

日期 Date issue

Drawing No. 图号

P03

备注 Revision

Drawing Name 图名

一层大堂铺地平面图

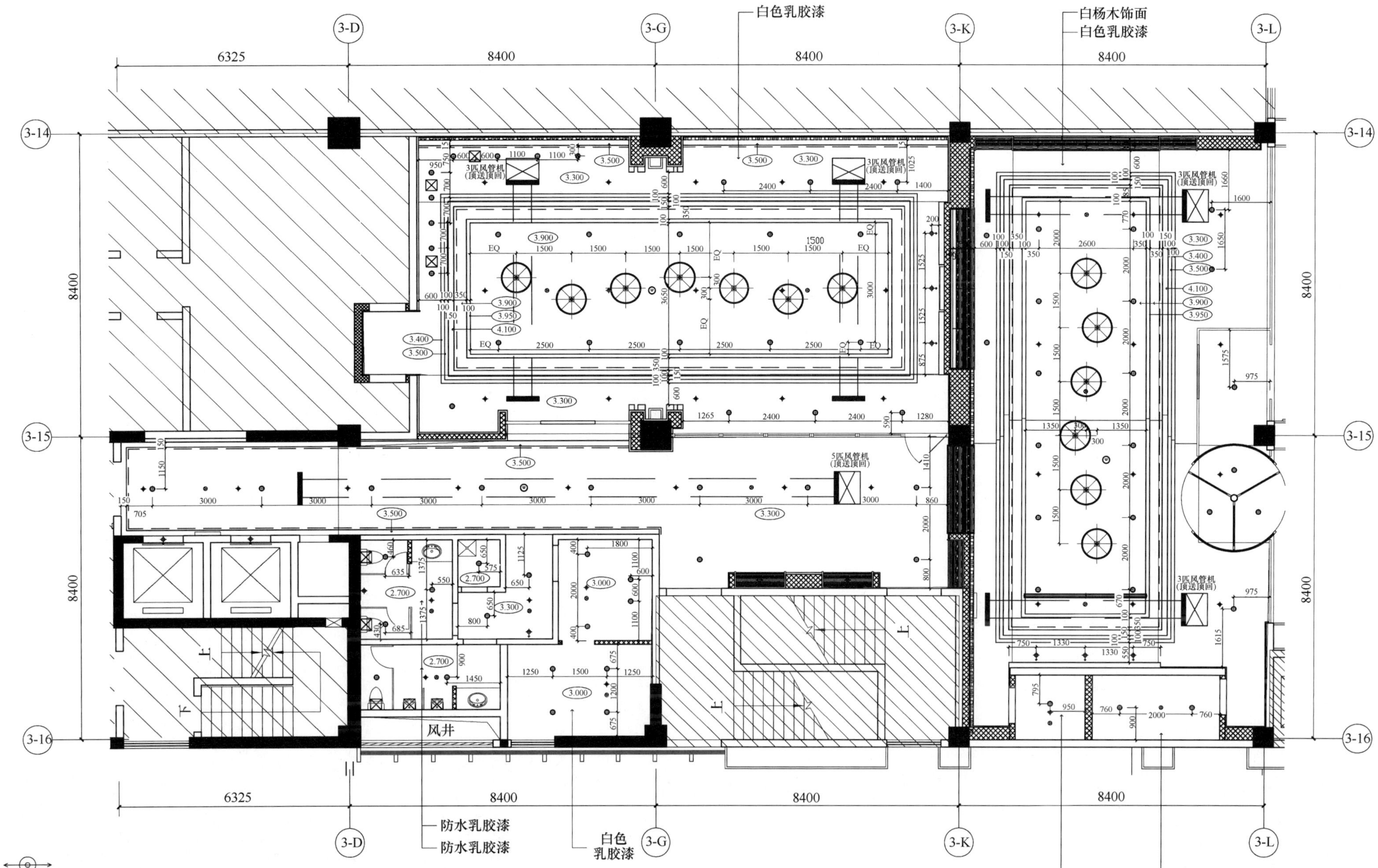

图例	名称 赛特照明	图例	名称
	深照式 LED 灯 品牌：SAT-863，7W，15度，色温3000K		排气扇
			喷淋头（暗贴式）
	可调角 LED 灯 品牌：SAT-862，7W，15度，色温3000K		烟感
			扬声器
	嵌入式筒灯，1X18W 节能灯管		风管式空调机组
	反光灯槽（T5 灯管，色温 2700K）		条形风口（铝合金白色烤漆）
	艺术吊灯		空调检修口、风口
	艺术壁灯		方形风口（铝合金白色烤漆）
	明装射灯		空调检修口、风口

一层大堂综合天花图

CLIENT 建设单位

Project name 项目名称
××快捷酒店-品尚西咸新区世纪大道店
大堂餐厅装饰设计

Description 说明

比例 Scale 1∶60

日期 Date

设计 Design plan

制图 Drawn by

描图 Approved by

审图 Read in conjunction with

Signature for Submission Construction
总设计师

日期 Date issue

Drawing No. 图号

P04

备注 Revision

Drawing Name 图名

一层大堂综合天花图

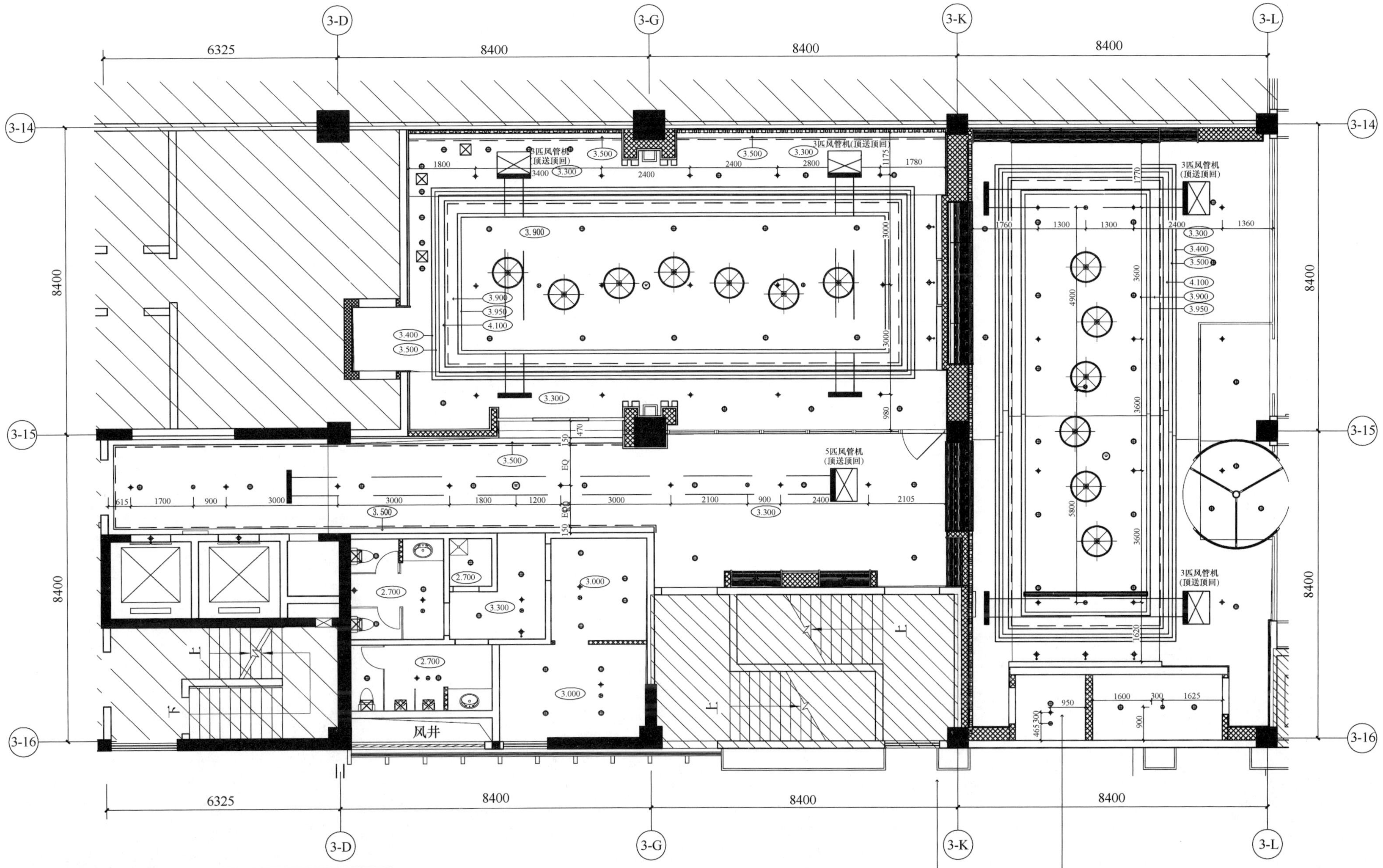

图例	名称　赛特照明	图例	名称
	深照式LED灯		排气扇
	品牌：SAT-863，7W，15度，色温3000K		喷淋头(暗贴式)
	可调角LED灯		烟感
	品牌：SAT-862，7W，15度，色温3000K		扬声器
	嵌入式筒灯，1X18W节能灯管		风管式空调机组
	反光灯槽(T5灯管，色温2700K)		条形风口(铝合金白色烤漆)
	艺术吊灯		空调检修口、风口
	艺术壁灯		方形风口(铝合金白色烤漆)
	明装射灯		空调检修口、风口

一层大堂餐厅烟感、喷淋、广播定位图

CLIENT　建设单位

Project name　项目名称

××快捷酒店-品尚西咸新区世纪大道店

大堂餐厅装饰设计

Description　说明

比例
Scale　1：70

日期
Date

设计
Design plan

制图
Drawn by

描图
Approved by

审图
Read in conjunction with

Signature for Submission Construction
总设计师

日期
Date issue

Drawing No.　图号

P05

备注
Revision

Drawing Name　图名

一层大堂餐厅烟感、喷淋、广播定位图

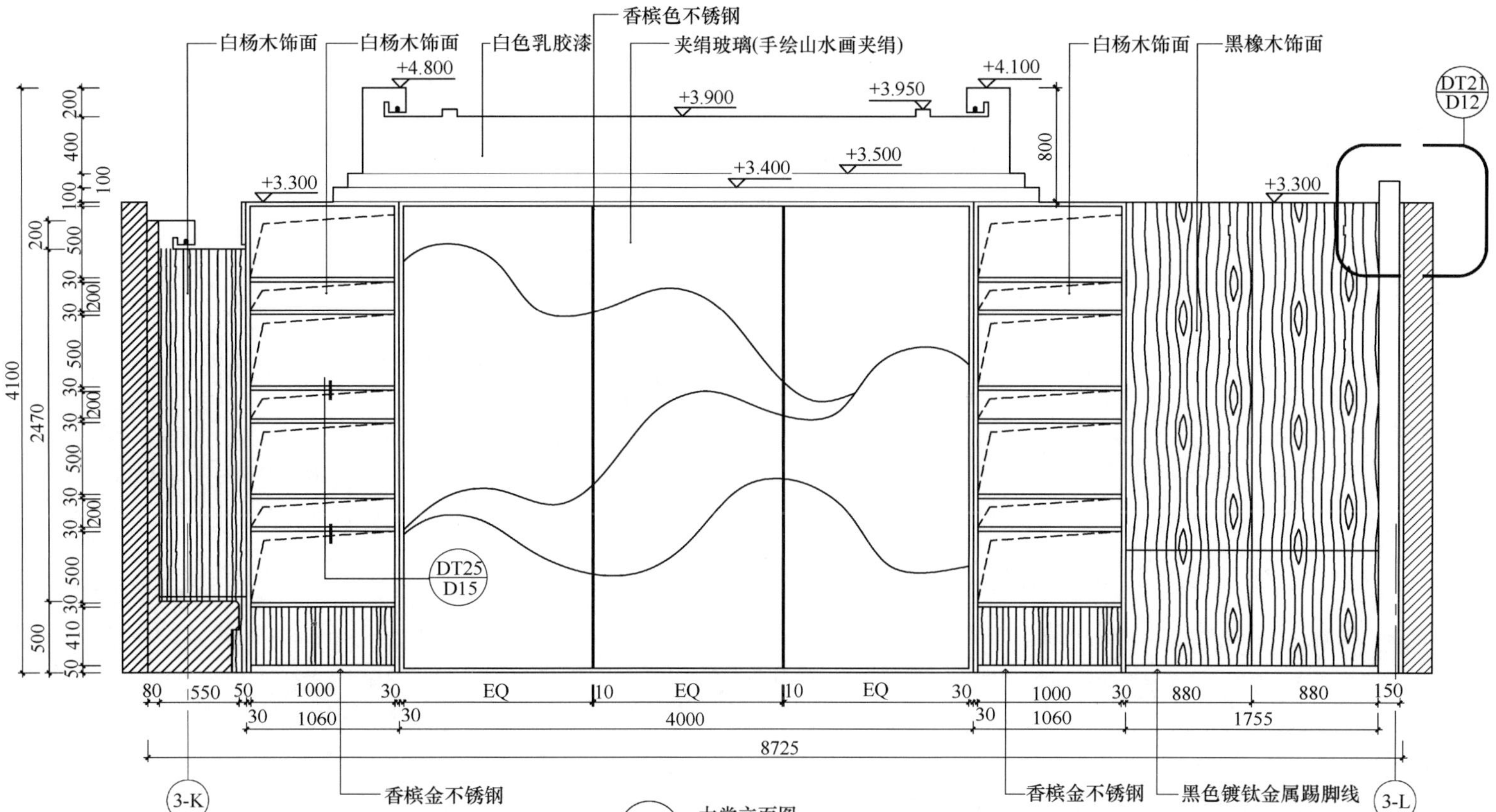

A 大堂立面图

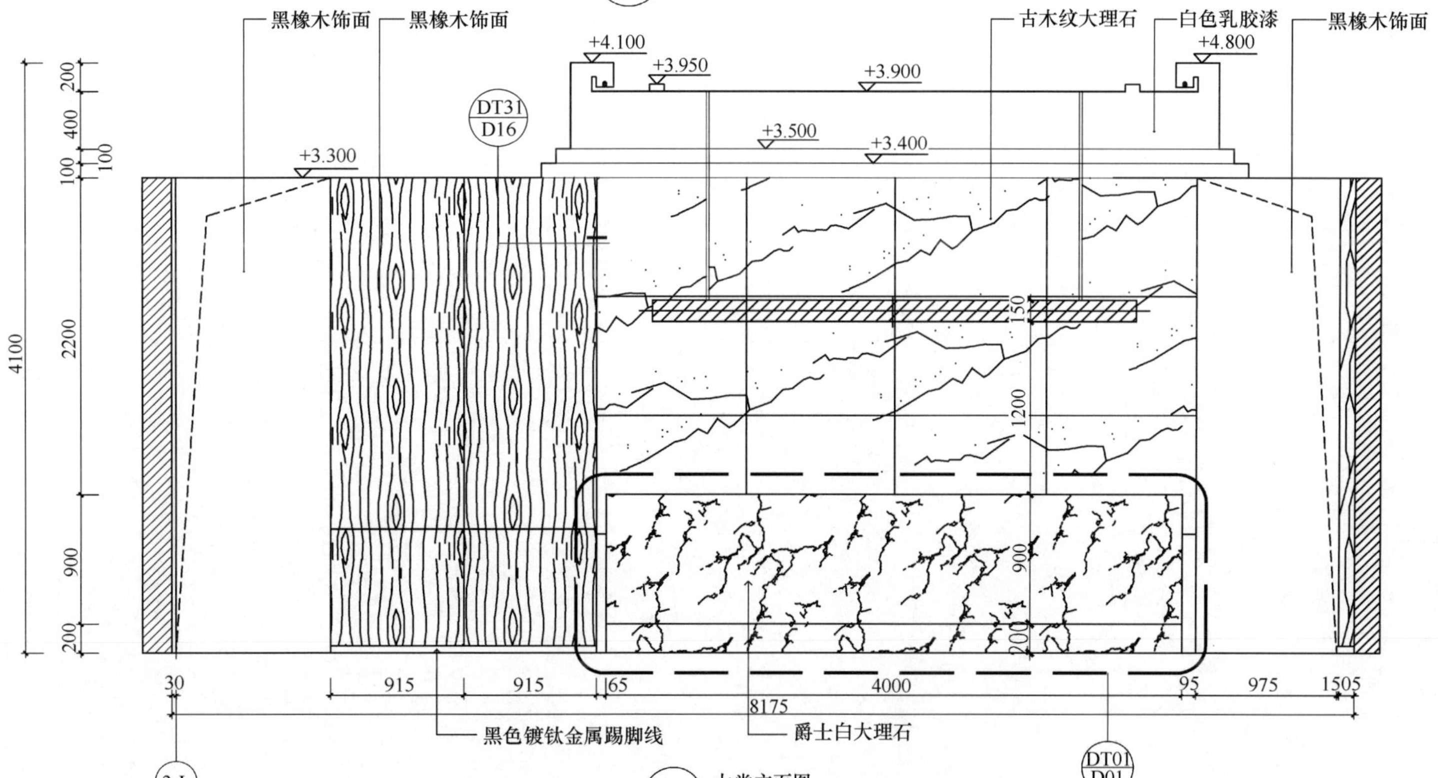

B 大堂立面图

CLIENT 建设单位

Project name 项目名称
××快捷酒店-品尚西咸新区世纪大道店
大堂餐厅装饰设计

Description 说明

比例
Scale 1∶30

日期
Date

设计
Design plan

制图
Drawn by

描图
Approved by

审图
Read in conjunction with

Signature for Submission Construction
总设计师

日期
Date issue

Drawing No. 图号
IE01

备注
Revision

Drawing Name 图名
大堂立面图

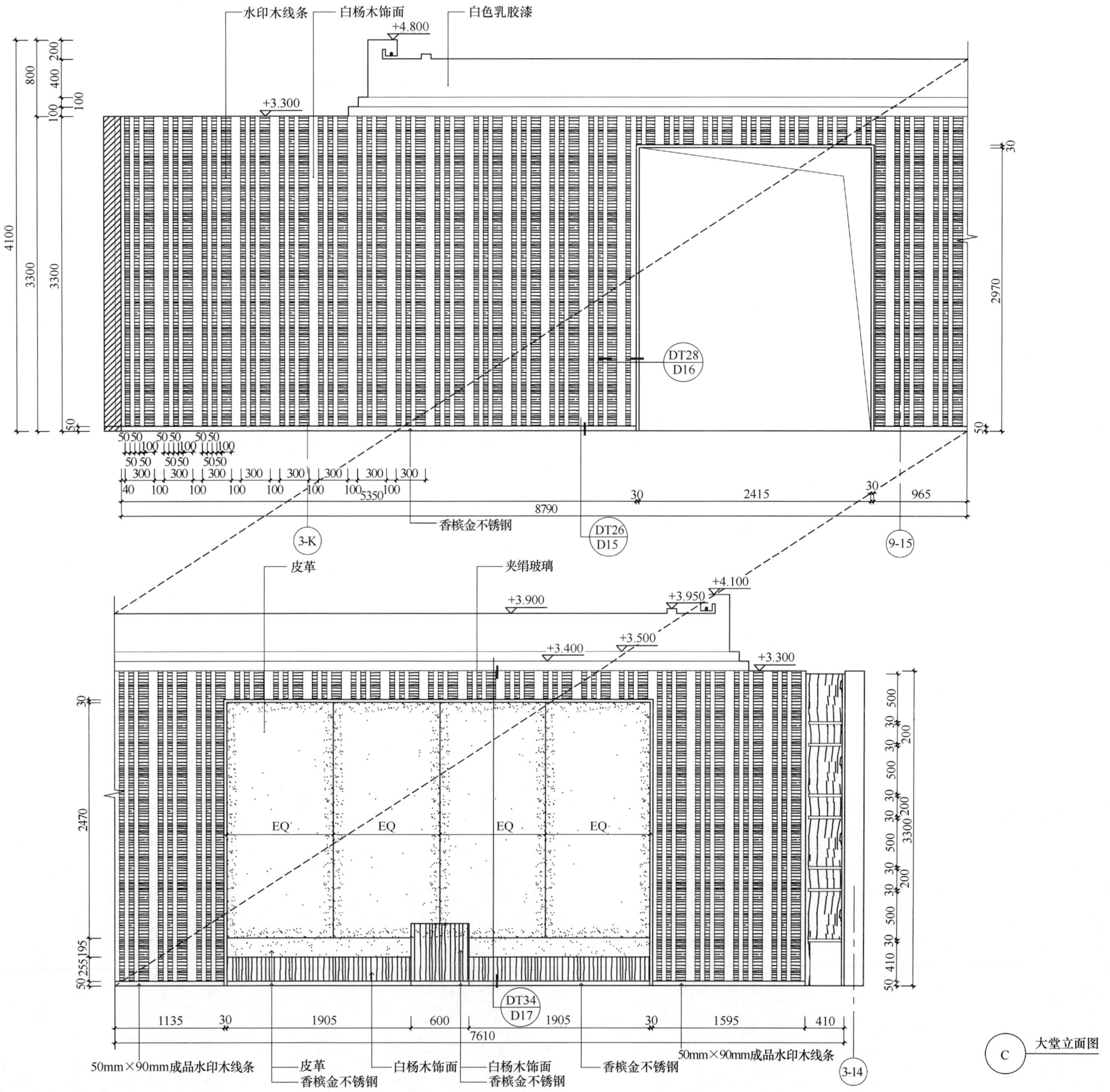

CLIENT 建设单位

Project name 项目名称

××快捷酒店-品尚西咸新区世纪大道店

大堂餐厅装饰设计

Description 说明

比例 Scale 1∶30

日期 Date

设计 Design plan

制图 Drawn by

描图 Approved by

审图 Read in conjunction with

Signature for Submission Construction

总设计师

日期 Date issue

Drawing No. 图号

IE02

备注 Revision

Drawing Name 图名

大堂立面图

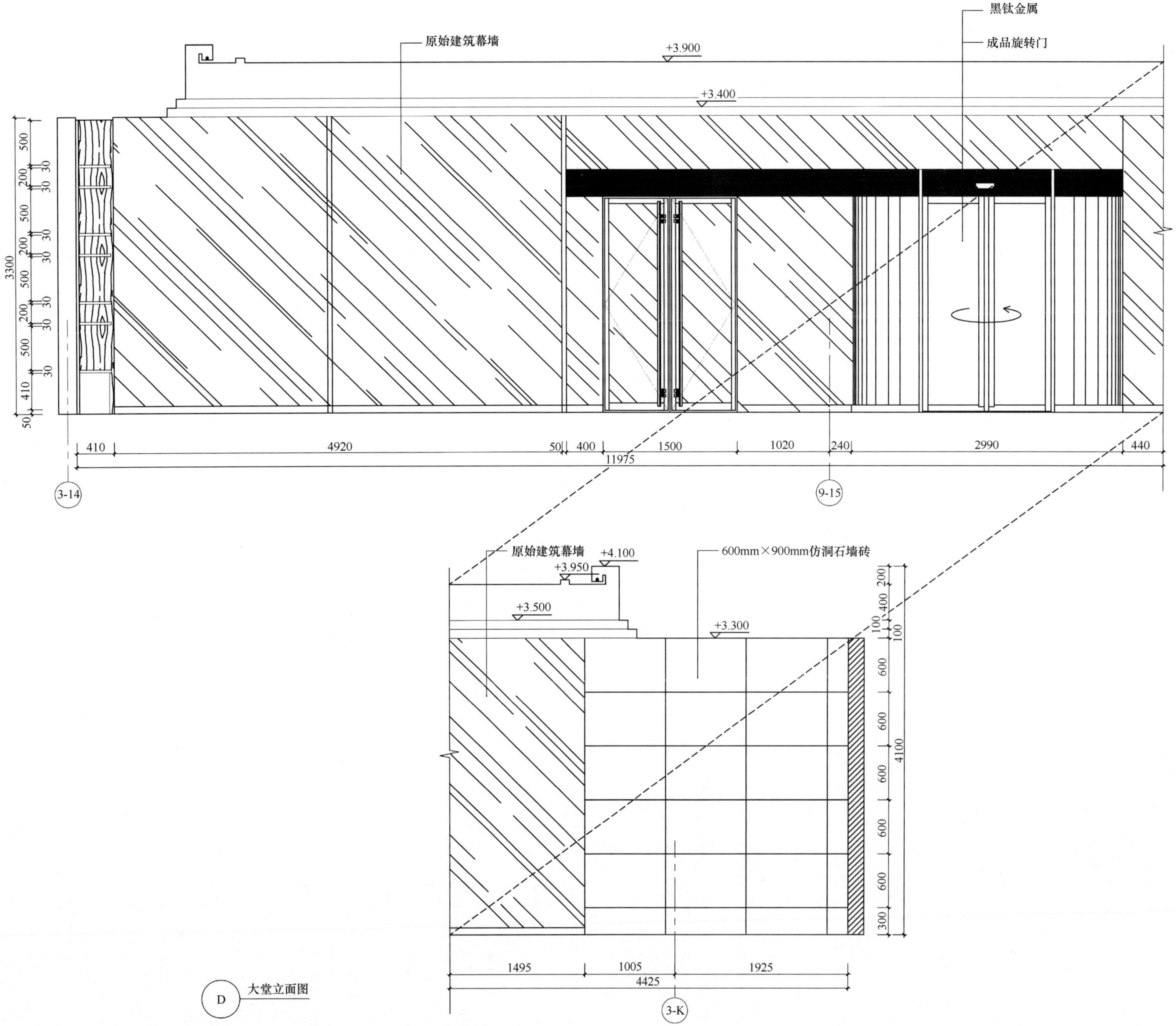

D 大堂立面图

CLIENT　建设单位

Project name　项目名称
××快捷酒店-品尚西咸新区世纪大道店
大堂餐厅装饰设计

Description　说明

比例 Scale　1∶30

日期 Date

设计 Design plan

制图 Drawn by

描图 Approved by

审图 Read in conjunction with

Signature for Submission Construction
总设计师

日期 Date issue

Drawing No.　图号

IE03

备注 Revision

Drawing Name　图名

大堂立面图

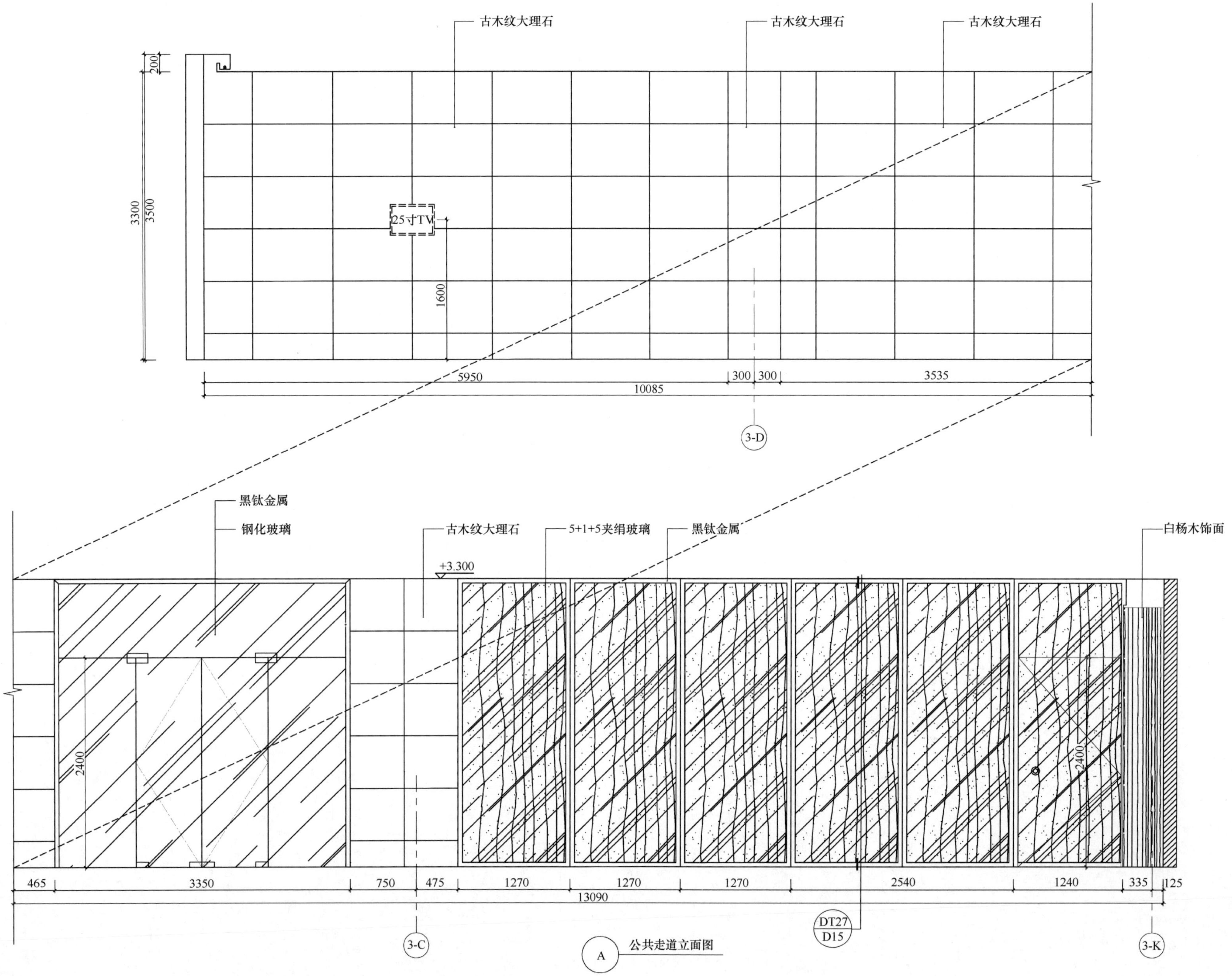

A 公共走道立面图

CLIENT 建设单位	
Project name 项目名称	××快捷酒店-品尚西咸新区世纪大道店大堂餐厅装饰设计
Description 说明	
比例 Scale	1∶30
日期 Date	
设计 Design plan	
制图 Drawn by	
描图 Approved by	
审图 Read in conjunction with	
Signature for Submission Construction 总设计师	
日期 Date issue	
Drawing No. 图号	IE04
备注 Revision	
Drawing Name 图名	公共走道立面图

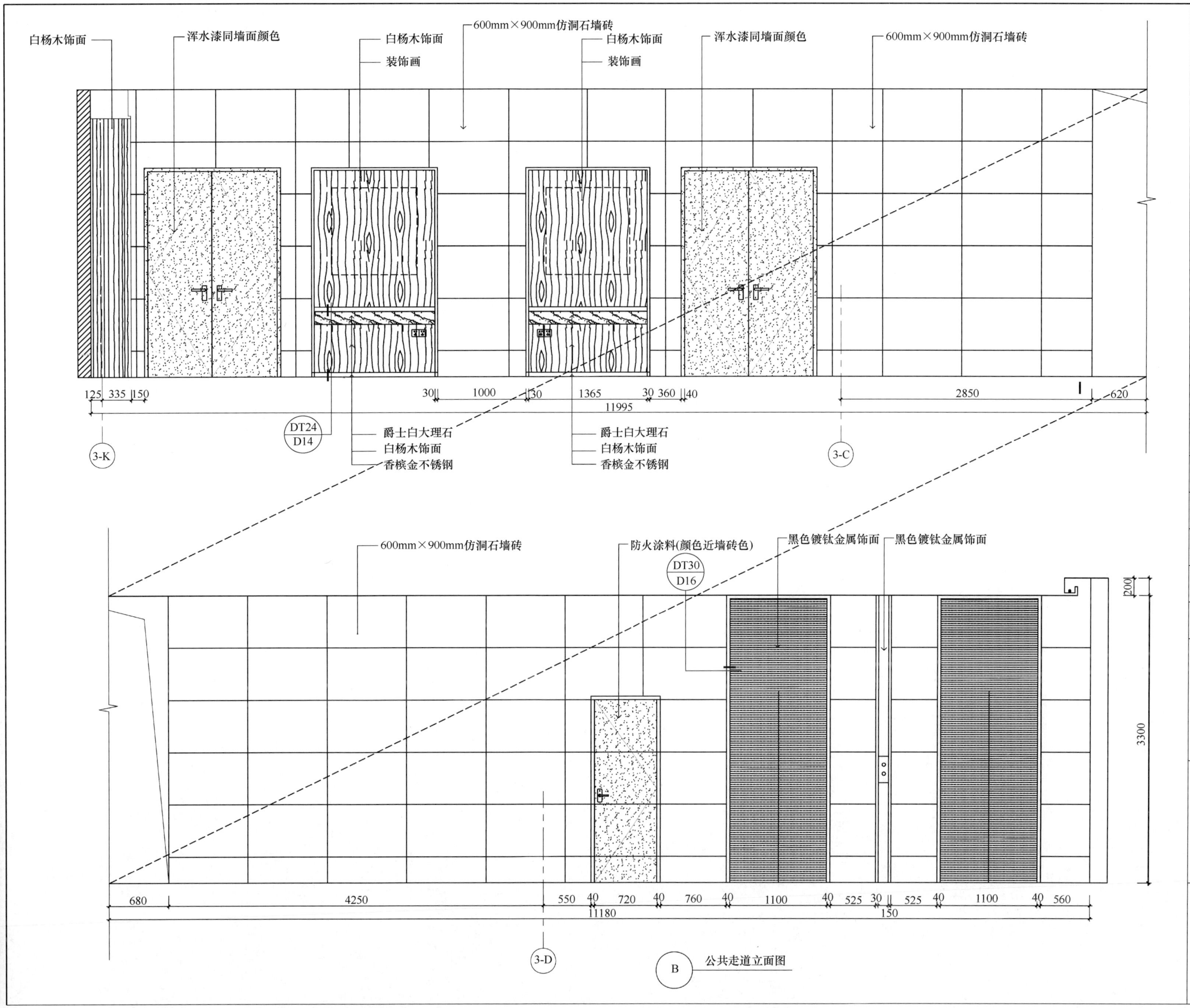

CLIENT 建 设 单 位

Project name 项目名称
××快捷酒店-品尚西咸新区世纪大道店
大堂餐厅装饰设计

Description 说明

比例 Scale 1：30

日期 Date

设计 Design plan

制图 Drawn by

描图 Approved by

审图 Read in conjunction with

Signature for Submission Construction
总设计师

日期 Date issue

Drawing No. 图号
IE05

备注 Revision

Drawing Name 图名
公共走道立面图

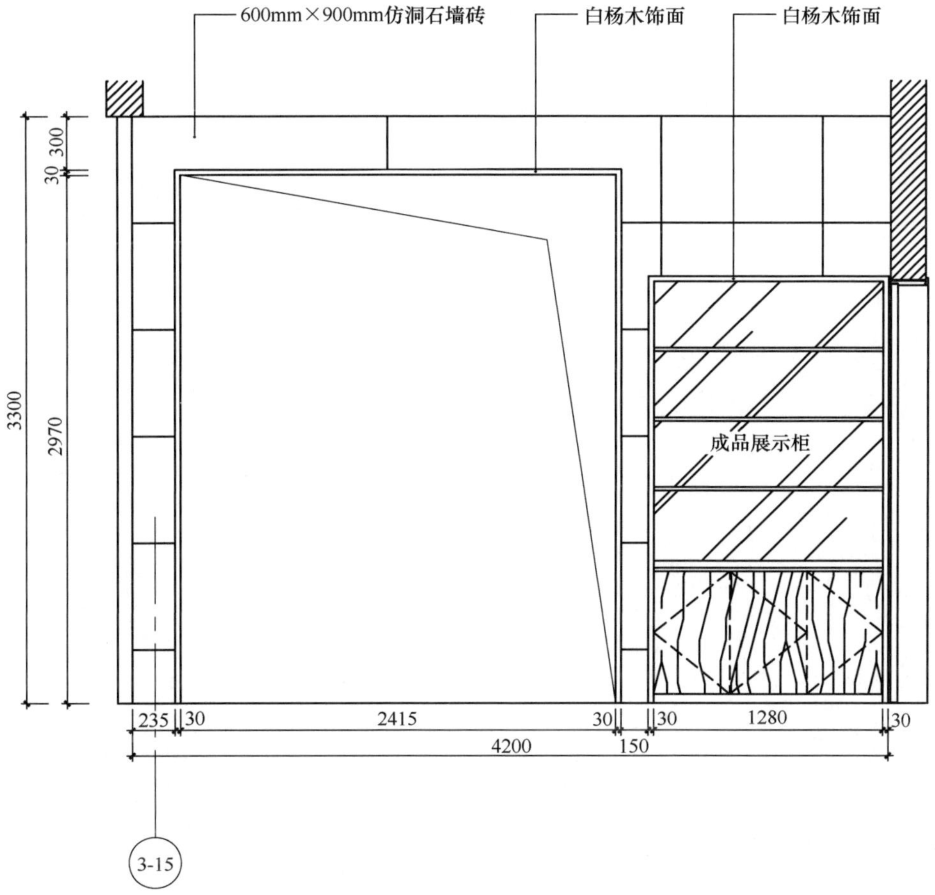

C 公共走道立面图

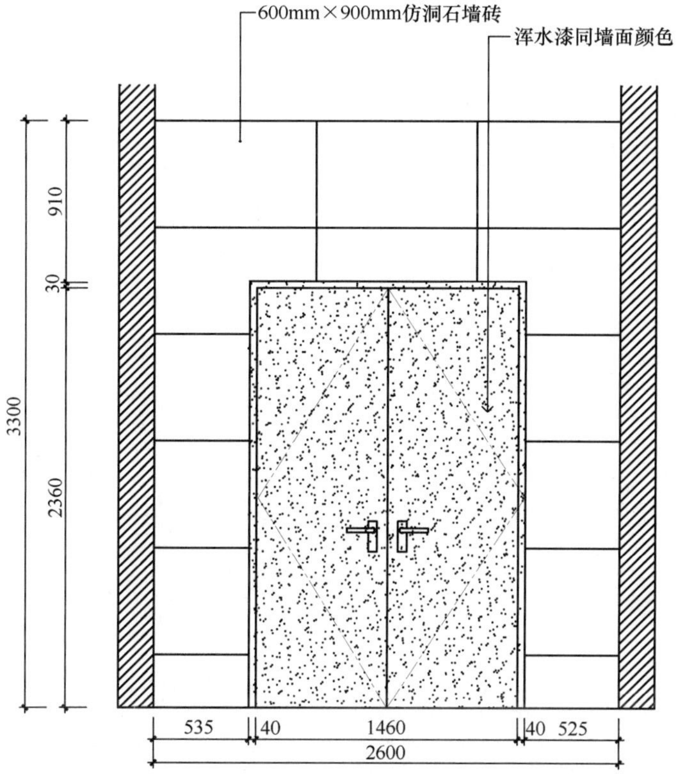

D 公共走道立面图

比例 Scale	1∶30
日期 Date	
设计 Design plan	
制图 Drawn by	
描图 Approved by	
审图 Read in conjunction with	

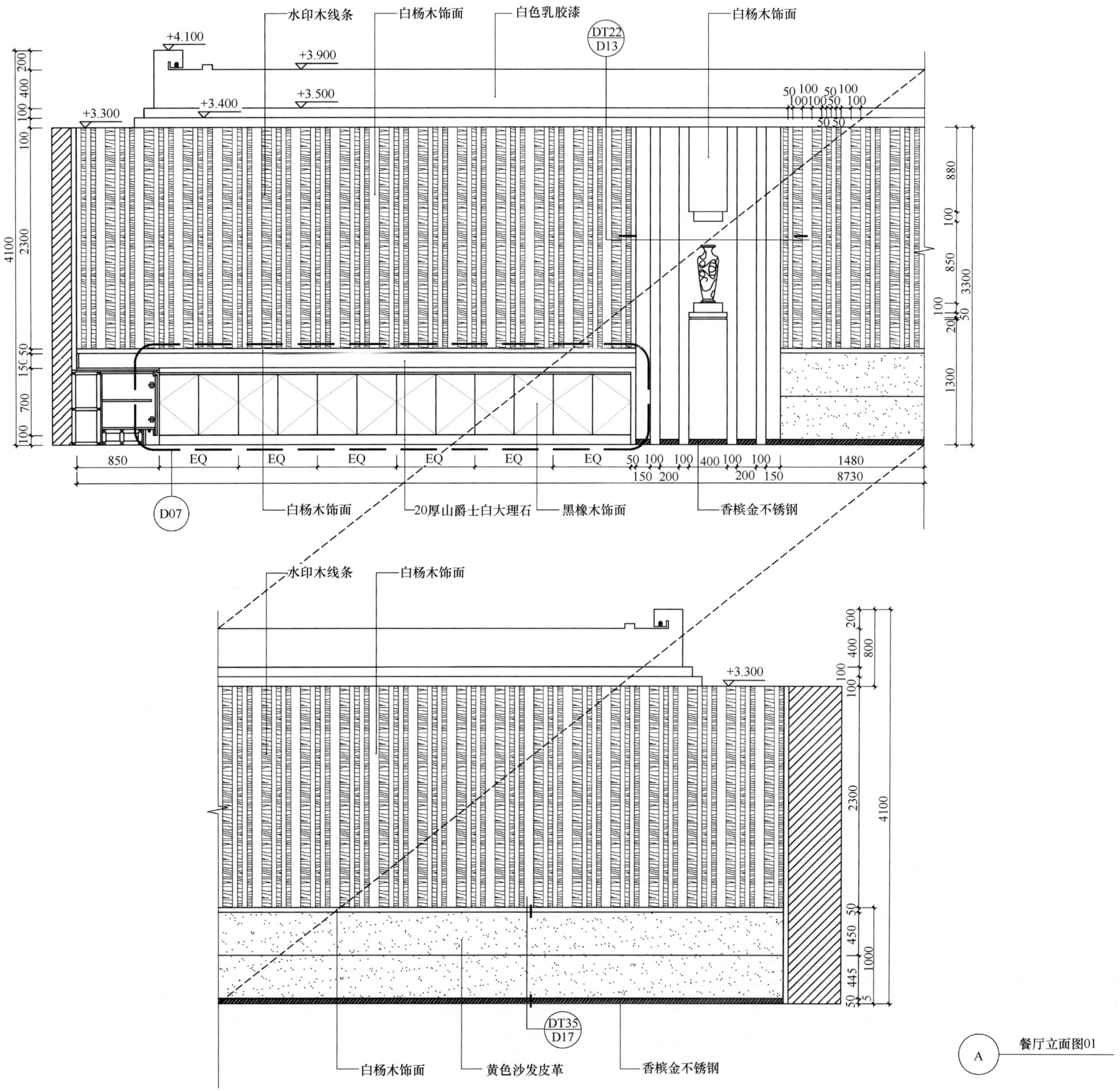

A 餐厅立面图01

CLIENT 建 设 单 位

Project name 项目名称

××快捷酒店-品尚西咸新区世纪大道店

大堂餐厅装饰设计

Description 说明

比例 Scale 1∶30

日期 Date

设计 Design plan

制图 Drawn by

描图 Approved by

审图 Read in conjunction with

Signature for Submission Construction

总设计师

日期 Date issue

Drawing No. 图号

IE07

备注 Revision

Drawing Name 图名

餐厅立面图 01

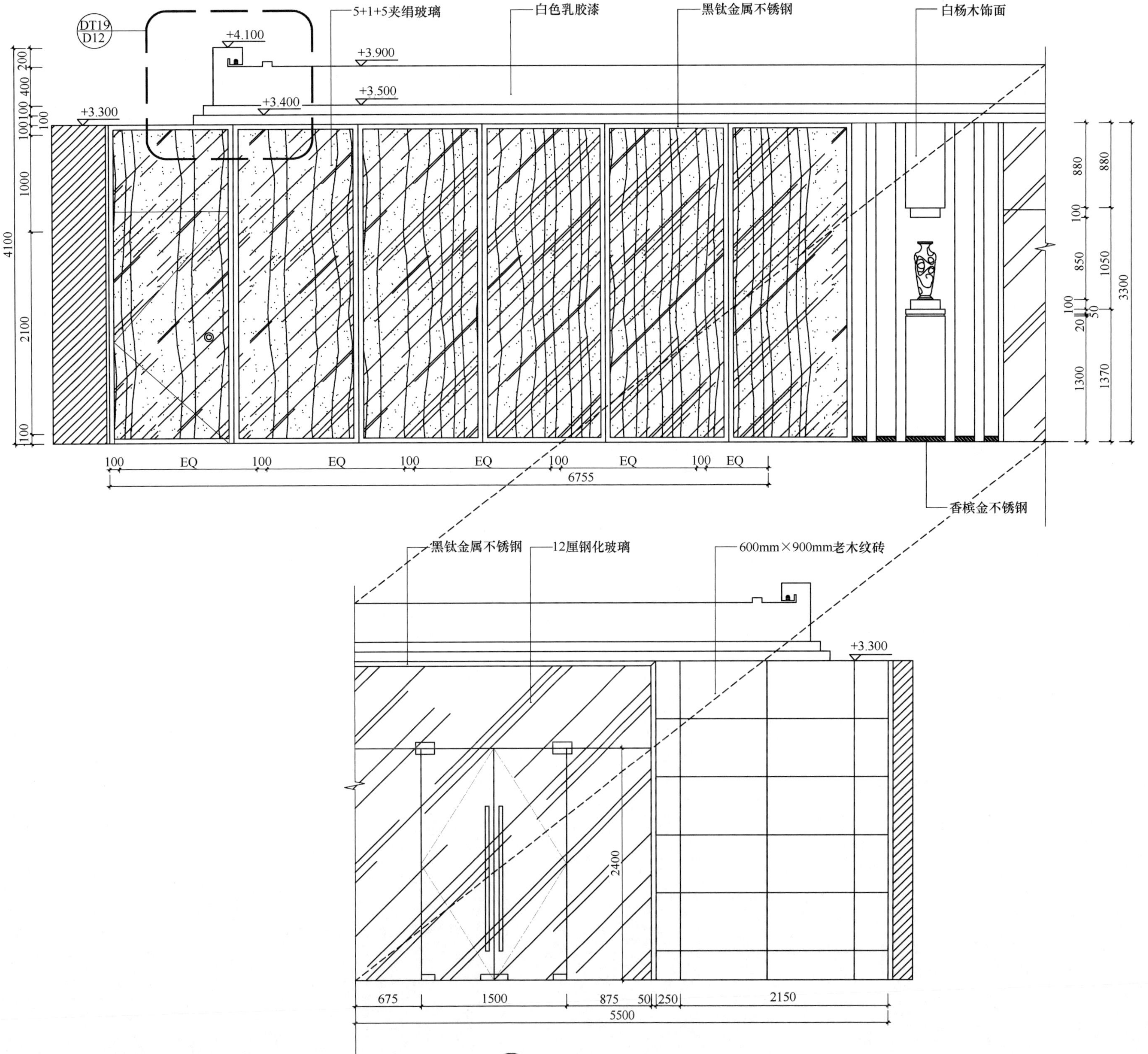

B 餐厅立面图02

CLIENT 建设单位

Project name 项目名称
××快捷酒店-品尚西咸新区世纪大道店
大堂餐厅装饰设计

Description 说明

比例 Scale 1∶30

日期 Date

设计 Design plan

制图 Drawn by

描图 Approved by

审图 Read in conjunction with

Signature for Submission Construction
总设计师

日期 Date issue

Drawing No. 图号

IE08

备注 Revision

Drawing Name 图名

餐厅立面图02

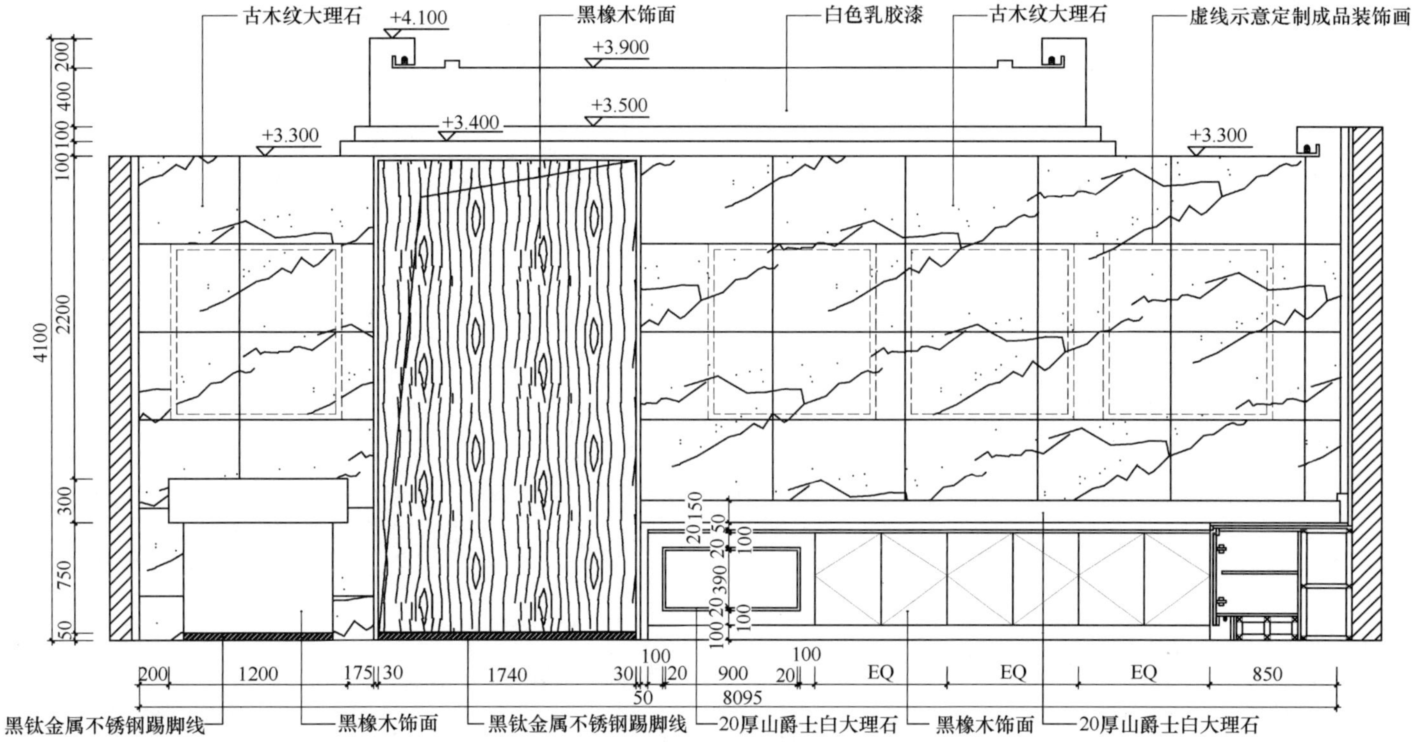

C 餐厅立面图03
S=1:30

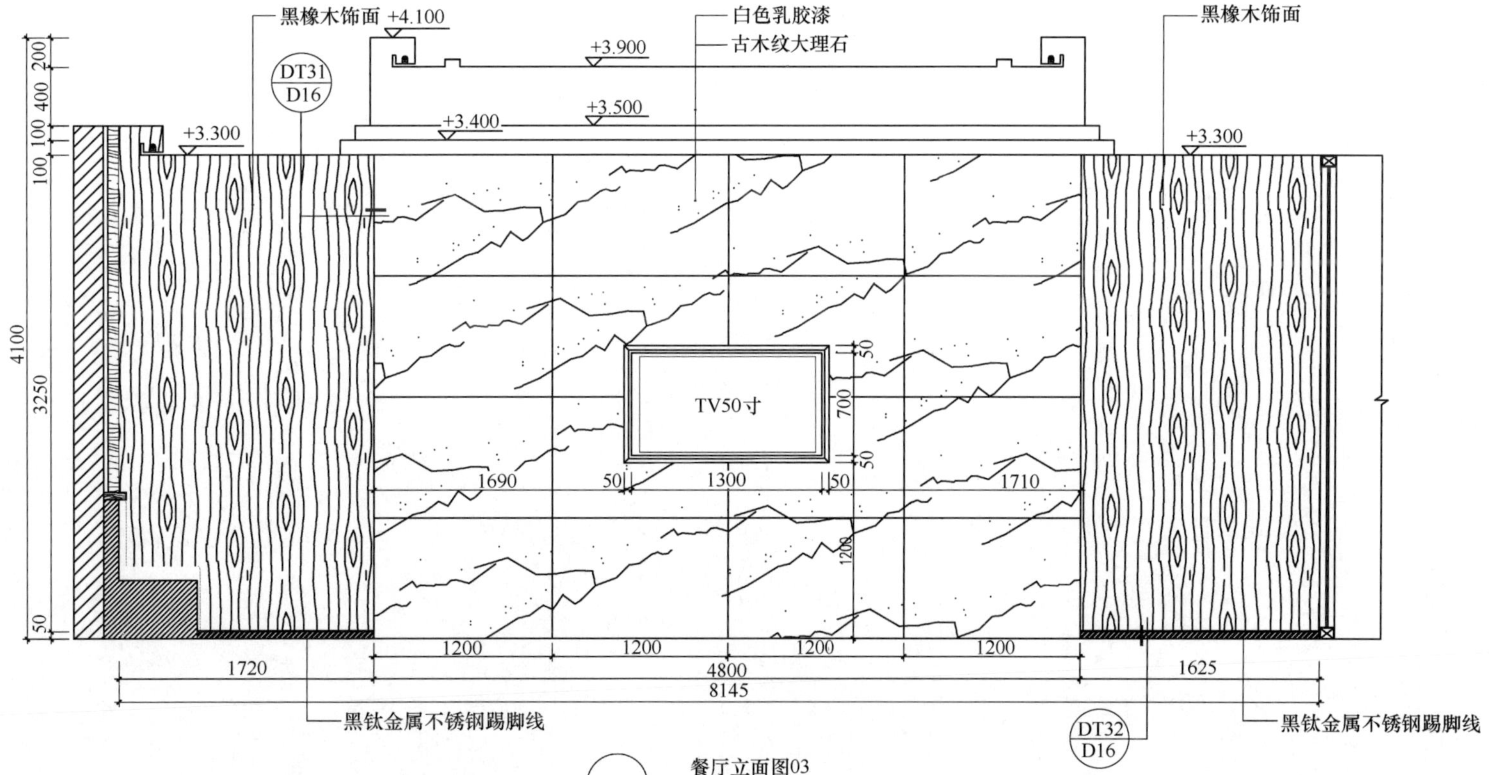

D 餐厅立面图03

CLIENT 建设单位

Project name 项目名称
××快捷酒店-品尚西咸新区世纪大道店
大堂餐厅装饰设计

Description 说明

比例 Scale	1∶30
日期 Date	
设计 Design plan	
制图 Drawn by	
描图 Approved by	
审图 Read in conjunction with	

Signature for Submission Construction
总设计师

日期
Date issue

Drawing No. 图号

IE09

备注
Revision

Drawing Name 图名

餐厅立面图 03

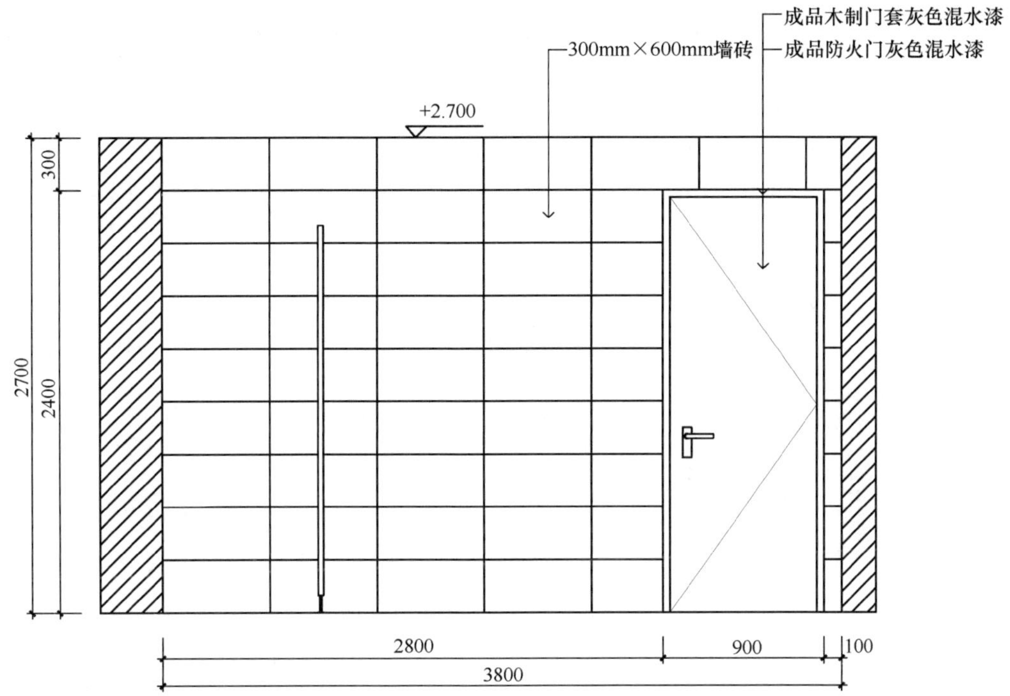

A 男卫生间立面图

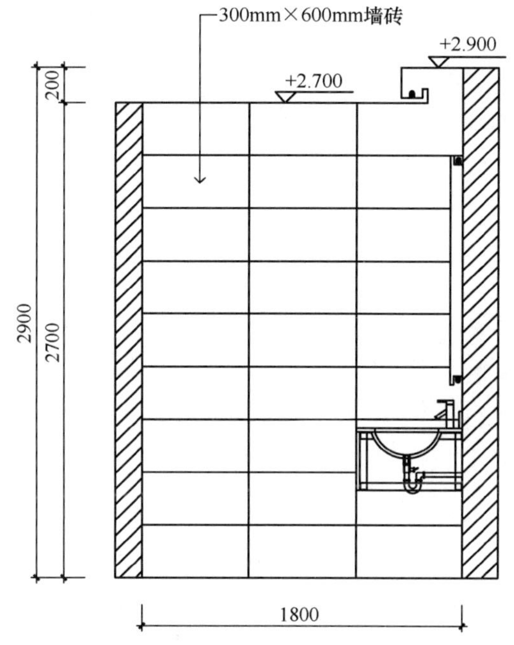

B 男卫生间立面图

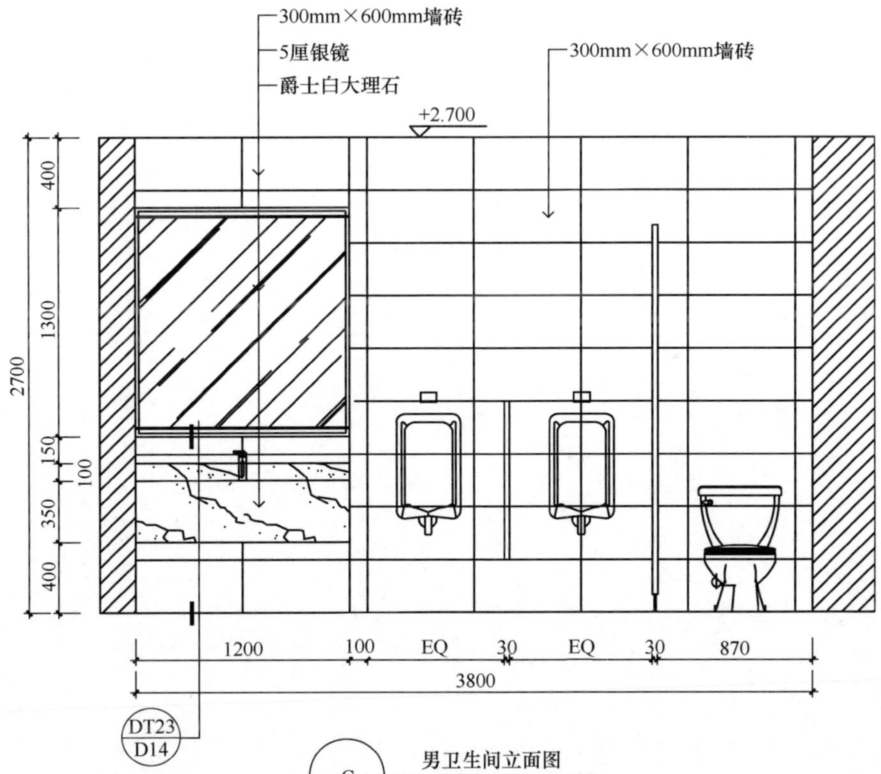

C 男卫生间立面图

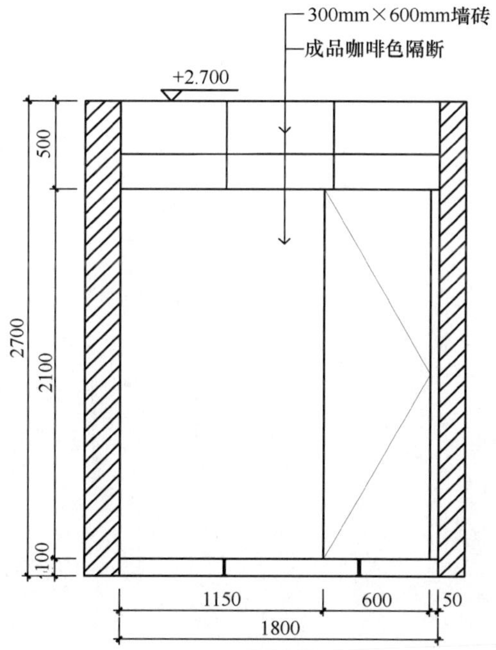

D 男卫生间立面图

CLIENT 建 设 单 位

Project name 项目名称

××快捷酒店-品尚西咸新区世纪大道店

大堂餐厅装饰设计

Description 说明

比例 Scale 1∶30

日期 Date

设计 Design plan

制图 Drawn by

描图 Approved by

审图 Read in conjunction with

Signature for Submission Construction

总设计师

日期 Date issue

Drawing No. 图号

IE10

备注 Revision

Drawing Name 图名

男卫生间立面图

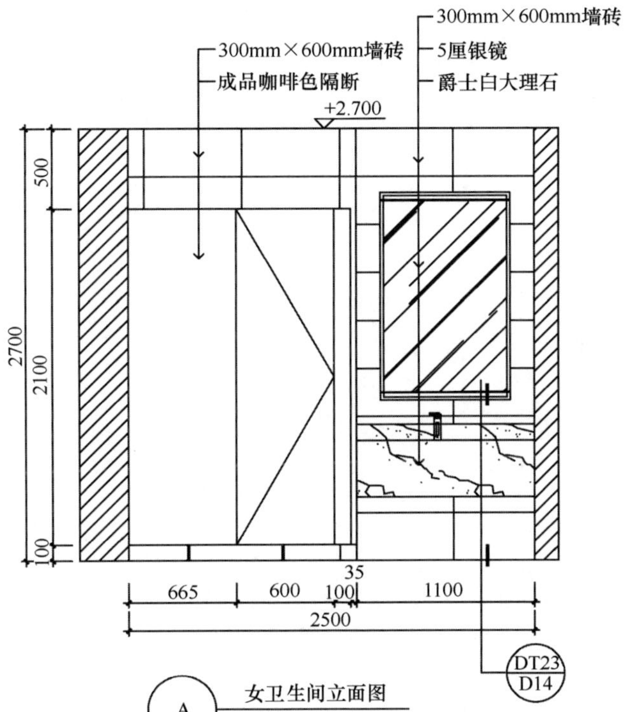

A 女卫生间立面图

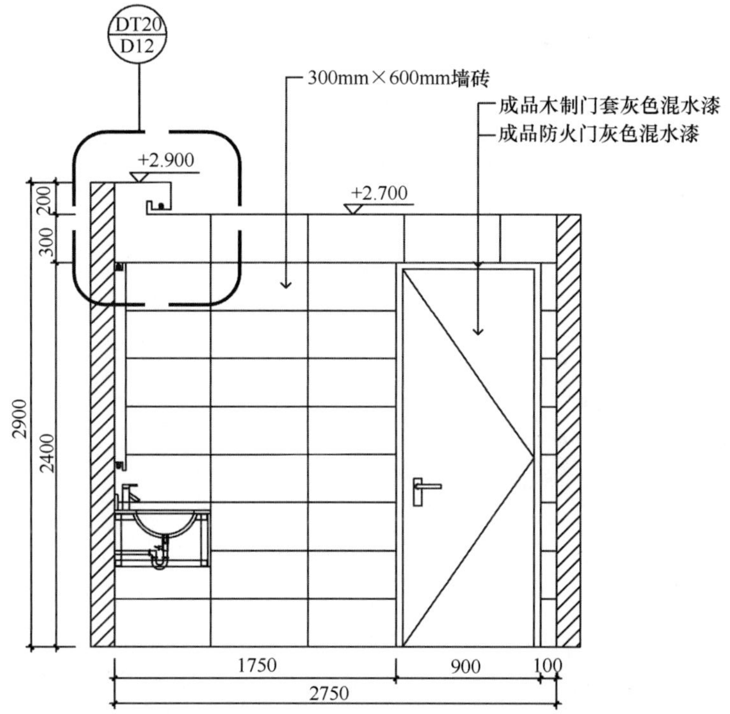

B 女卫生间立面图

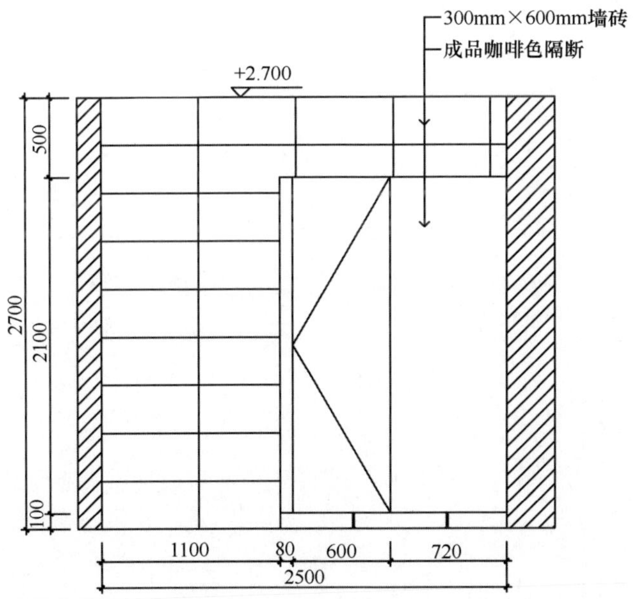

C 女卫生间立面图

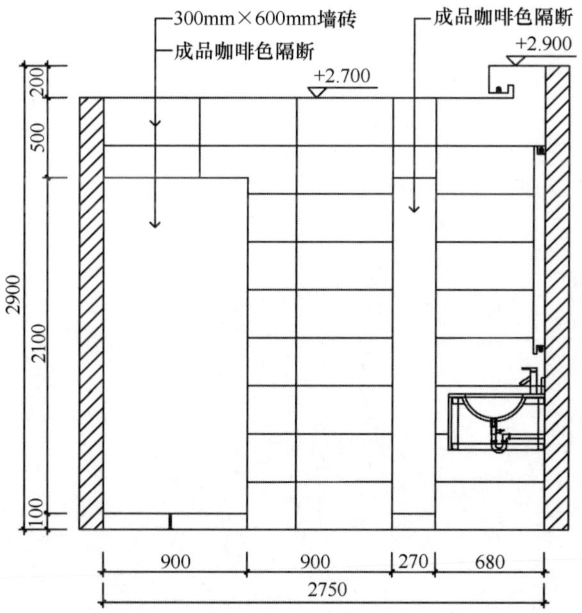

D 女卫生间立面图

CLIENT 建设单位

Project name 项目名称
××快捷酒店-品尚西咸新区世纪大道店
大堂餐厅装饰设计

Description 说明

比例 Scale 1∶30

日期 Date

设计 Design plan

制图 Drawn by

描图 Approved by

审图 Read in conjunction with

Signature for Submission Construction
总设计师

日期 Date issue

Drawing No. 图号

IE11

备注 Revision

Drawing Name 图名

女卫生间立面图

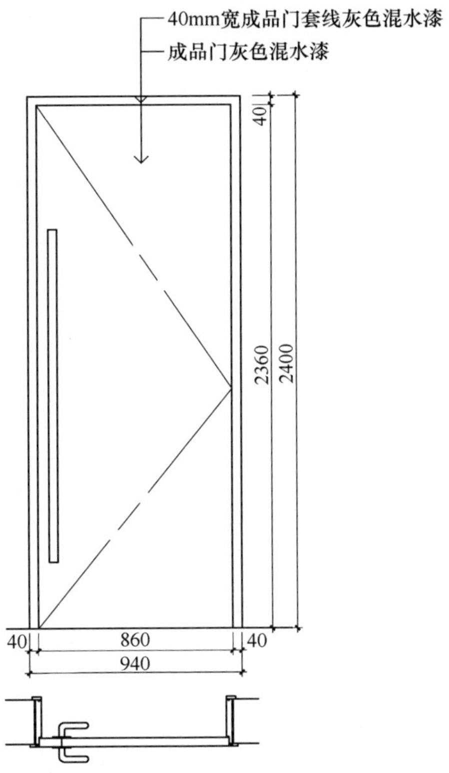

M-01(卫生间、营业、经理)

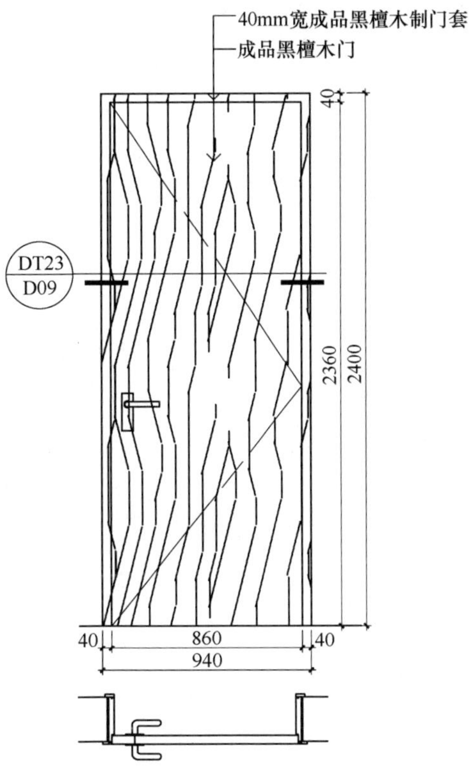

M-02(行李、监控)

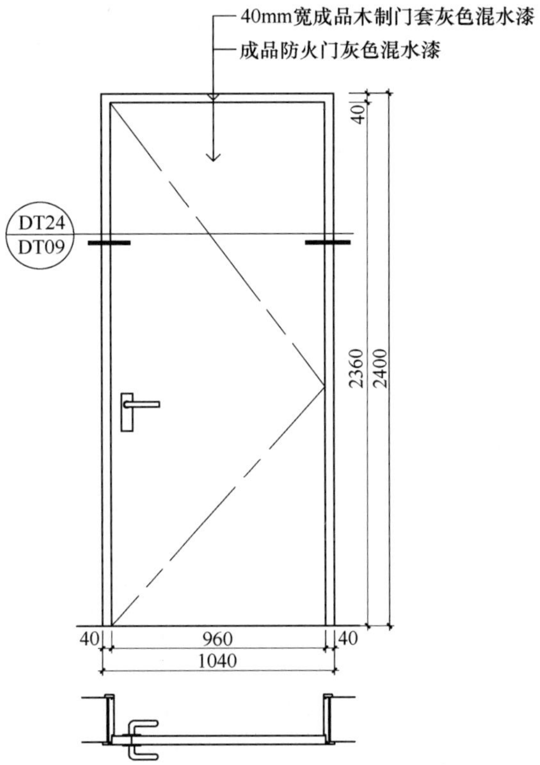

FM-01(厨房乙级防火门)

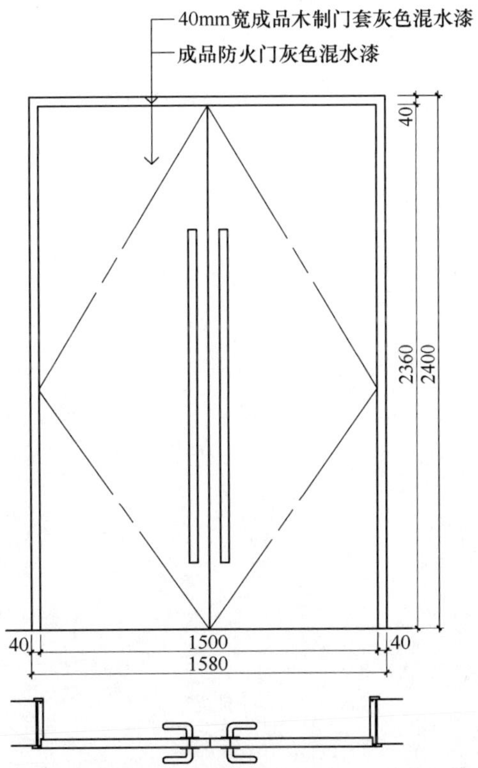

FM-02(一层楼梯间乙级防火门)

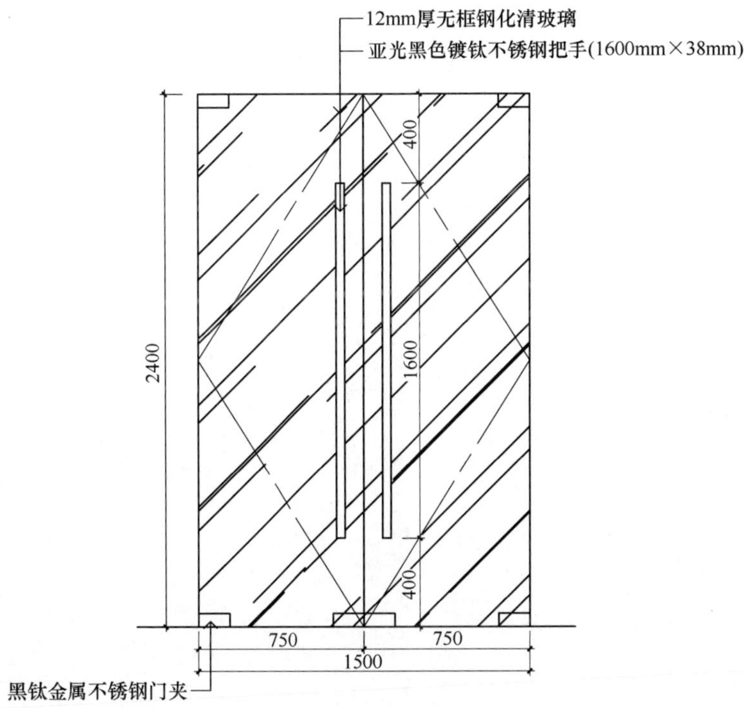

MB-01(餐厅入口门)

CLIENT 建设单位	
Project name 项目名称	××快捷酒店-品尚西咸新区世纪大道店 大堂餐厅装饰设计
Description 说明	
比例 Scale	
日期 Date	
设计 Design plan	
制图 Drawn by	
描图 Approved by	
审图 Read in conjunction with	
Signature for Submission Construction 总设计师	
日期 Date issue	
Drawing No. 图号	IE12
备注 Revision	
Drawing Name 图名	门表图